国家出版基金资助项目

中外数学史研究丛书

卢庆骏、孙本旺与黑龙江数学

——哈尔滨军事工程学院与黑龙江数学发展史

LUQINGJUN,SUNBENWANG YU HEILONGJIANG SHUXUE

——HAERBIN JUNSHI GONGCHENG XUEYUAN YU HEILONGJIANG SHUXUE FAZHANSHI

吴从炘 包革军 张鸿岩 著

哈尔滨工业大学出版社
HARBIN INSTITUTE OF TECHNOLOGY PRESS

内 容 简 介

本书记录了卢庆骏、孙本旺等老一辈数学家对哈尔滨市数学学科发展所做出的贡献,哈军工(原中国人民解放军军事工程学院)的数学学科的设立,以及哈尔滨市其他高校数学学科的建立和发展浓缩了哈尔滨市数学学科的发展。在这一发展历程中,我们重现了当时的史实资料,为大家讲述了一个时代的数学往事。

图书在版编目(CIP)数据

卢庆骏、孙本旺与黑龙江数学:哈尔滨军事工程学院与黑龙江数学发展史/吴从炘,包革军,张鸿岩著. —哈尔滨:哈尔滨工业大学出版社,2021.3

ISBN 978 - 7 - 5603 - 8607 - 2

Ⅰ.①卢… Ⅱ.①吴… ②包… ③张… Ⅲ.①数学-学科发展-史料-黑龙江省 Ⅳ.①O112

中国版本图书馆 CIP 数据核字(2019)第 290575 号

策划编辑　刘培杰　张永芹
责任编辑　李广鑫
出版发行　哈尔滨工业大学出版社
社　　址　哈尔滨市南岗区复华四道街 10 号　邮编 150006
传　　真　0451-86414749
网　　址　http://hitpress.hit.edu.cn
印　　刷　辽宁新华印务有限公司
开　　本　720 mm×1 020 mm　1/16　印张 10.5　字数 97 千字
版　　次　2021 年 3 月第 1 版　2021 年 3 月第 1 次印刷
书　　号　ISBN 978 - 7 - 5603 - 8607 - 2
定　　价　98.00 元

(如因印装质量问题影响阅读,我社负责调换)

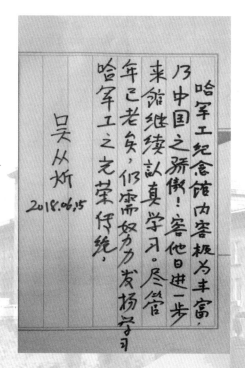

哈军工纪念馆内容极为丰富，13中国之骄傲！望他日进一步来馆继续认真学习。尽管年已老矣，仍需努力发扬学习哈军工之光荣传统。

吴从炘

2018.06.15

吴从炘为哈尔滨工程大学博物馆题词

彩1

吴从炘参观哈尔滨工程大学博物馆

彩2

序　言

科学技术的发展和进步离不开数学的支持和帮助,特别是在现今这个信息发达的时代,在人工智能和大数据的驱动下,数学学科已经成为这些领域发展的原动力。大到国家、地区,小到高等学校,对数学学科的重视程度与日俱增,数学学科的建设是其发展和进步的前提。学科建设最重要的任务是培养优秀的学术团队,先决条件是必须有德高望重、学识渊博的前辈领路、谋划、决策和实施。

本书作者的写作动机是追述中国人民解放军军事工程学院(对外称总字 943 部队,是一所高度保密的军事院校,以下简称"哈军工")的两位前辈卢庆骏教授和孙本旺教授对龙江数学学科的建设和发展所做的贡献,以此来激励后辈学者发奋努力,同时教育广大龙江数学工作者,铭记前辈的敬业与担当,共同开创龙江数学的新篇章。

本书以卢庆骏和孙本旺两位教授为主角,通过事例的形式再现了卢庆骏、孙本旺及他们所领导的哈军工数学团队,对哈尔滨师范学院(今哈尔滨师范大学)数学系和黑龙江大学数学系的建设和发展、对哈尔滨市数学会的成立和发展,以及哈尔滨工业大学数学教师的培养和提携等方面所做的工作,具体事例包括师资队伍建设、学术方向定位、

1

教材建设和学术报告等,内容生动有趣味。尤为重要的是,本书包含了大量珍贵的历史材料图片和人物照片,充分展示出不同历史时期学术活动的风貌。

历史发展到今天,我们惊喜地看到,在哈军工诸位前辈的无私奉献下,在继卢庆骏、孙本旺两位先辈之后的诸位前辈的努力下,哈尔滨市数学学科取得了长足发展,已经建成了三个数学学科一级博士点(哈尔滨工业大学、哈尔滨工程大学、哈尔滨理工大学),具备了培养数学高级人才的能力,但与发达省份相比,龙江实力仍然偏弱。我辈同仁,更应该继承卢庆骏、孙本旺两位先辈的奉献精神,努力奋进。

最后,感谢本书的主要持笔者,我的老师,哈尔滨工业大学数学学科的开拓者——吴从炘先生,一位八十多岁的发现者,仍能尽力查找、收集大量的信息和实物,完成本书的主要内容,为龙江数学留下了这份宝贵的财富,这种无私奉献的精神,令人十分敬佩。

薛小平

2018 年 7 月 9 日

前　言

　　2018 年 7 月,《数学往事——卢庆骏、孙本旺对哈尔滨市数学学科发展做出的重要贡献及其他》正式出版,反响尚好。然时有耳闻哈尔滨市数学会在 20 世纪 50 年代就已成立,却无任何真凭实据。近日,吴从炘找到油印的黑龙江省数学会 1982 年年会学术论文集第 3 册,其中的第一篇文章就是与省数学会联合召开的市数学会换届大会期间市数学会理事长戴遗山所做的理事会工作报告,报告明确提到市数学会成立于 1956 年。包革军也从市图书馆查到 1962 年 1 月 5 日《哈尔滨晚报》刊登有"哈尔滨市数学会于 1961 年 12 月 30 日召开换届年会"的详细报导。这样,哈尔滨市数学会成立于 1956 年已成定论,出版修改版之必要自不待言。

　　如何改写,我们力求以哈军工数学教师中的"三老"与"三新"为主线并做适当补充。"三老"指的是名列江苏教育出版社出版的《中国现代数学家传》1~5 卷的卢庆骏、孙本旺与陈百屏教授。"三新"是后来担任国防科大政委的汪浩,成为哈尔滨船舶工程学院终身荣誉教授的戴遗山和

1

国防科技大学训练部部长吴国平。为此删去其他与该主线联系不够紧密的内容势在必行。

由于年代久远,故人离去,资料匮乏,完整、准确地重现当年的情景已无可能。为提高对1956年哈尔滨市数学会,也就是中国数学会哈尔滨分会成立前前后后的事件表述和推断的合乎逻辑性,进而增强相应的可信度,本书详细地介绍了1956年时,卢庆骏、孙本旺本人,哈尔滨工业大学和东北农学院数学教研室,以及中国数学会早期地方分会理事会构成等情况。

在这里要特别感谢一位正在福建省革命委员会科学技术委员会工作的吴从炘亲属于1979年5月1日寄来基本完整的中国数学会统计于1964年的各专业学科会员名册,帮助我们澄清、明确了不少问题。

当然,作者对书中某些细节也尽力做了协调与订正。

限于作者能力与水平等诸多原因,不当与疏漏之处难以避免,还望读者多加批评指正。

最后,感谢哈尔滨工业大学出版社及各位编辑为本书的出版所做的大量工作,也感谢省、市数学会,哈尔滨工业大学数学学院,哈尔滨工程大学数学学院与哈尔滨各高校数学院系及新老朋友所给予的无私帮助。

作　者
2019 年 10 月于哈尔滨市

目　　录

追述中国人民解放军军事工程学院
对哈尔滨市高校数学学科发展的贡献

——传承发扬卢庆骏、孙本旺的敬业与担当

吴从炘　　包革军　　张鸿岩

2016 年,对于哈尔滨市高校数学学科的发展来说很值得纪念。60 年前,也就是 1956 年哈尔滨师范专科学校正式更名为哈尔滨师范学院,从此北国冰城哈尔滨有了第一个数学本科专业。1958 年,一所以本省名称命名的综合性大学——黑龙江大学成立。这时候两所高校的数学系连一位副教授都没有,办学条件十分艰难。

此时,在哈尔滨的中国人民解放军军事工程学院(对外称总字 943 部队,是一所高度保密的军事院校,以下简称"哈军工")为支持地方数学学科的发展,特地选派德高望重的著名数学家孙本旺(1913—1984)、卢庆骏(1913—1995)先后担任哈尔滨师范学院数学系和黑龙江大学数学系的兼职教授和兼职系主任(卢庆骏曾任浙江大学数学系主任)。1956 年还组建了以卢庆骏为理事长、孙本旺为副

理事长的哈尔滨市数学会。与此同时,哈军工又派出一批优秀的青年教师参与相关工作。在哈军工的无私支援下,哈尔滨数学学科取得长足进步,大家携手谱写了一曲特殊形式的"军爱民,民拥军,军民团结一家亲"的时代凯歌。

奏响这曲时代凯歌的主人公是卢庆骏、孙本旺两位前辈,他们做出了重大贡献,更体现出其高山仰止般的敬业与担当精神。但是,在 1998 年江苏教育出版社出版的《中国现代数学家传(第 3 卷)》(程民德主编)中的《孙本旺传》(第 153 ~ 167 页)和《卢庆骏传》(第 180 ~ 196 页),以下简称《孙传》和《卢传》,有关他们两位对哈尔滨各高校数学学科发展的贡献的介绍均不足 4 行,即:

"1958 年,他(指卢庆骏)被聘兼任黑龙江大学数学系教授与系主任。在此期间,他为一部分讲师、助教开设了'概率论与数理统计''随机过程'等课程,还开设了谱论、信息论等讨论班。1961 年,他获黑龙江大学优秀教师奖。"和"在 1956—1966 这 10 年间,他(指孙本旺)还先后兼任哈尔滨师范学院数学系、黑龙江大学数学系教授,黑龙江省(应为哈尔滨市,黑龙江省数学会 1980 年才成立,本书作者注)数学会副理事长、理事长等职务,为黑龙江地区培养大批数学人才和教师做出了贡献。"

常言道:"喝水不忘挖井人。"龙江数学工作者理应竭尽全力对半个多世纪前哈军工著名数学家卢庆骏、孙本旺为哈尔滨数学学科的发展所做出的重大贡献做较全面细致的追述,继承发扬两位前辈的敬业与担当,将黑龙江省的数学学科在现有基础上推到一个新的高度。

本文的主要执笔者为1955年毕业于东北人民大学(现吉林大学)数学系的吴从炘。1956年吴从炘任哈尔滨工业大学数学教研室助教的见习期刚满,学校又派他重返母校进修两年泛函分析,1958年11月才回到哈尔滨工业大学。作为一名青年教师,对身居高度保密军事单位要职的卢庆骏、孙本旺两位前辈前往地方院校兼职的相关情况自然不会有多少了解。然而,在哈尔滨市数学会于1961年末的年会期间及会后,吴从炘直接得到孙本旺、卢庆骏两位前辈的许多指导、鼓励与提携。特别是1980年黑龙江省数学会成立,吴从炘任理事长至2004年。因此,吴从炘责无旁贷,理应向黑龙江省数学会主动提出撰写本书的意愿。

在2016年8月14日至16日于齐齐哈尔市召开的黑龙江省数学会第14次年会,与会代表一致赞同吴从炘拟撰写本文并作为本文的主要执笔者的提议。

由于年代久远,当时担任哈尔滨高校数学系、数学教研室领导和数学会理事以上职务的长者,许多已驾鹤西归,或者无法联系,或者对往事无多少记忆,更无相关资料留存,撰写难度可想而知。

所幸的是,现任黑龙江省各高校数学院、系领导都大力支持,并帮助查寻那段历史时期的亲历者、知情人及愿为此给予协助的志愿者。这些同志大都年过七旬,有的还已八十岁开外，他们尽力查找、收集了大量信息和实物，铅印的、油印的、手写的、成本的、单页的各种相关物件，以及照片，等等，很不容易，令人敬佩。哈尔滨工业大学出版社有关领导闻知此事，特意派遣一位编辑参与采访等工作，很是令人感动。

如今本文初稿业已完成，由"卢庆骏、孙本旺对黑龙江大学和哈尔滨师范学院数学学科发展的贡献"和"卢庆骏、孙本旺对1956年组建哈尔滨市数学会并领导开展各项学术活动，推动哈尔滨各高校数学学科发展的贡献"两部分组成。

包革军目前是哈尔滨市数学会（以下简称"市数学会"）副理事长兼秘书长，由于理事长李容录（哈尔滨工业大学）已于2014年去世，包革军承担起市数学会的工作。为撰写本文，他曾几度前往哈尔滨市科学技术协会（以下简称"市科协"），多方设法、反复查询市数学会成立初期的信息资料，但一无所获。回想由于历史原因，市科协机构曾经都不复存在，这也难怪。那时市数学会挂靠单位哈尔滨师范学院数学系历经"文化大革命"，学校搬迁，以及人们普遍对于历史文化的保护传承意识之淡薄，以致仅在系资料室老主任王寿民处还保存着一些宝贵的记录。本文作者已尽力而为，留待未能与之联系的知情人及读者充实、修正并完善之。

最后，作者谨向黑龙江省数学会理事长薛小平，副理事长兼秘书长付永强，哈尔滨师范大学数学科学学院院长宋文,黑龙江大学数学科学学院院长张显,哈尔滨工业大学数学学院院长吴勃英,哈尔滨工业大学出版社副社长刘培杰,哈尔滨工程大学理学院党委书记沈继红所给予的支持与帮助,以及所有提供过信息资料的老同志们表示衷心感谢。

一、卢庆骏、孙本旺对黑龙江大学和哈尔滨师范学院数学学科发展的贡献

(一)孙本旺对哈尔滨师范学院和黑龙江大学数学学科发展的贡献

1. 孙本旺简介(节选自《孙传》)

孙本旺,1913 年 2 月出生于江苏高邮。1936 年毕业于南开大学并留校任助教。抗战爆发,他随校迁往昆明,在国立西南联合大学担任助教、讲师。1946 年赴美留学,进入纽约大学的柯朗研究所,师从柯朗的亲密合作者 K. O. Friedrichs,主攻泛函分析与偏微分方程,1949 年获博士学位。在此期间,他还长期在普林斯顿大学听著名数学家 E. Artin 的课:环论、伽罗华理论、代数数论等。1949 年底,他启程返华,1950 年任武汉大学数学系教授。1953 年初春,孙本旺调到哈军工,先后任高等数学教授会副主任,数学教研室主任,基础课部主任。1956—1966 年,10 年间他先后兼任哈尔滨师范学院数学系和黑龙江大学数学系教授。1970 年随哈军工迁至长沙,1978 年哈军工更名为国防科技大学,孙本旺被任命为副校长,组建并兼任系统工程与数学系主任。

同年12月孙本旺当选湖南省数学会第一届理事长,这是湖南省数学界学术研究最活跃、成绩巨大、人才不断涌现的空前年代。1951—1956年孙本旺在《数学学报》发表的4篇论文(即《孙传》中[4]~[7]①)得到多方面的推崇,见段学复的《近代中国数学家在代数方面的贡献》(《数学进展》(吴从炘藏书)第1卷,第3期,第609~614页)和苏步青著的《新中国数学十年1949—1959》。

孙本旺在指导学生②

2.哈尔滨师范学院数学系建系前后领导简况

哈尔滨师范学院是1956年由哈尔滨师范专科学校升格为本科院校,这时的哈尔滨师范专科学校则是1953年由辽宁的锦州师范专科学校和丹东师范专科学校合并到原哈

① 本文作者注:[7]应该是《数学学报》1954年第4卷,第2期,第223~243页。
② 本书中所有图片除特别标注外均为吴从炘的收藏.

尔滨师范专科学校而新成立的一所专科院校①。于是,这所新组建的哈尔滨师范专科学校数学科也就由原来的三个数学学科合并而成。

原丹东师范专科学校数学科主任秦汝伟(1907—1987)1932 年毕业于东北大学,讲师。原锦州师范专科学校数学科主任是孙学宗,日本高等师范专科学校毕业,副教授。原哈尔滨师范专科学校数学科副主任颜秉海为讲师。孙学宗成为合并后的哈尔滨师范专科学校数学科主任。

3. 孙本旺是怎样帮助哈尔滨师范学院数学系开展教学与科研工作的

1956 年哈尔滨师范学院数学系成立时教师队伍是有雄厚基础的,如分析教研室主任陈开周,后来成为西安电子科技大学应用数学专业的博士生导师,代数方向有来自北京师范大学研究生班的周汝奇及毕业于北京大学从事几何方面教学的朱士庄等。针对系里的实际情况,孙本旺亲自为首届本科生主讲"微分方程"与"数理方程"这两门数学系重要的主干课。前者采用的教材是苏联 B. B. 史捷班诺夫著《微分方程教程》合订本,人民教育出版社,1956;后者需要同学们记笔记。哈军工还选派孙先生的助手、同事,

---

① 我国在 1952 年开始按照苏联模式进行了全国高等学校的院系调整。关于 1953 年组建哈尔滨师范专科学校在《哈尔滨师范大学校史 1951—2001》(黑龙江人民出版社,2001)一书(吴从炘藏书)中有这样的一段话:"1953 年 9 月,中央人民政府教育部召开全国高等师范教育会议,……,积极学习苏联教育经验,……,从多方面创造条件,提高教学质量,逐步向正规化高等师范学校的目标迈进。……,东北地区共 7 所师范专科学校调整合并后的哈尔滨师范专科学校,作为新中国在黑龙江区域内的一所崭新高等师范学校,……"

1952 年毕业于南京大学的刘德铭来讲授"复变函数"课。1960 年因腿残疾留系资料室工作的王寿民称"孙先生与刘德铭的授课情况,资料室有记录"。

1958 年以后,哈尔滨高校纷纷抽调一些品学兼优的本科生提前留校参加工作,边工作边学习。哈尔滨师范学院于 1959 年也从数学系首届本科生中选调了 10 名学生赴外省重点综合性大学进修两年,使他们能够尽快在学术上得到提高。孙本旺对这些选派学生拟学习的专业布局和拟前往的大学及拟联系的导师等方面都给予系里大力支持与帮助。举几个例子:

众所周知,计算数学在当时是一个热门的专业方向,1957 年吉林大学迎来全国第一位这方面长期援华的苏联专家梅索夫斯基赫,国内包括北京大学、复旦大学的许多综合性大学数学系都派了进修教师来听专家的系统讲学,北京大学除 1 名应届毕业生外,还来了一位已任教多年的教师。1959 年哈尔滨师范学院派去的是柴寿朋,后来他曾担任哈尔滨师范大学的校党委书记(1985.2—1994.11,见《哈尔滨师范大学校史》第 274 页)。

泛函分析是孙本旺的主要研究方向之一,也是一个非常重要并与数学中很多领域都有紧密联系的数学分支。厦门大学的李文清在 1958 年 10 月为中国科学院数学研究所邀请来所做一个月讲学的波兰的泛函学派创始人中的一位名叫 W. Orlicz 的学者担任翻译。孙本旺将哈尔滨师范学

8

院派出的朱学志推荐给了李文清先生。正因为泛函分析自身的特点，使朱学志逐渐对数学有更广泛的认识和基础，再加上他身体上的原因，之后将研究方向转到数学的历史等方面。经过长期努力，朱学志等人于1990年由哈尔滨出版社出版了长达965页的著作《数学的历史、思想和方法》，朱学志是黑龙江林业教育学院教授，享受国务院特殊津贴。

《数学的历史、思想和方法》的封面

又如拟派往南京大学进修的彭树森，虽因病未能成行，但在后来的工作中逐渐成长为教学、科研骨干，曾任哈尔滨师范大学数学系主任，可见孙本旺先生慧眼识才。

此外，孙本旺在兼任黑龙江大学数学系教授期间为该系做过许多报告。他的演讲风趣生动，引人入胜，听课师生获益良多。

4. 孙本旺是怎样推动哈尔滨师范学院数学系开展运筹学研究、应用及人才培养的

运筹学是 1956 年被列入我国 12 年科学技术发展远景规划并着重研究的一门新兴数学学科。孙本旺支持并推荐秦汝伟前往中国科学院数学研究所进修运筹学 2 年。经电话采访曾任中国运筹学会理事长,1957 年分配到数学所工作的北京大学数学系应届毕业生韩继业获悉:数学研究所是从 1958 年正式开展运筹学研究,所里安排他和徐光辉、董泽清作为越民义①的助手,他们也去工厂矿山,多半是去找应用任务,是短期的。这从《越民义传》(《中国现代数学家传(第 5 卷)》(吴从炘藏书)第 148 页)也得到印证。因此,秦汝伟在数学所进修的时间应该是从 1958 至 1960 年。韩继业还说:"秦汝伟在线性规划、图论组,进修人员是不下厂矿的,在所里还可以听些课。我和他虽不在同一个组,但还是熟悉的,他在会上发言讲话很有条理。"秦汝伟从数学所回到哈尔滨师范学院就被评为副教授并且担任数学系副主任,主持工作。1960 年黑龙江省的确评过一批副教授,

---

① 越民义,1921 年 6 月生于贵阳,1944 年毕业于浙江大学数学系,1951 年到数学所随华罗庚学习数论,特别对三维除数等问题提出新的解决方法。1958 年转向运筹学,越民义首先研究的是运筹学分支排队论,1959 年越民义首先得到了 $M/M/n$ 的排队系统的瞬时性态的概率分布。1977 年美国纯粹数学和应用数学家访华代表团对我国应用数学领域的两项成果做出高度评价,其中一项就是越民义小组的"排队论"。他分别与韩继业、徐光辉等合作,相继获全国科学大会奖、科学院科研成果一等奖等。在华罗庚的大力支持下成立中国运筹学会(国家一级学会),成为我国运筹学带头人(节录《中国现代数学家传(第 5 卷)》,《越民义传》第 246~253 页)。

据吴从炘保存的一份哈尔滨工业大学内部资料得知:1960年哈尔滨工业大学因为上报晚了,申报晋升副教授的教师未能参加评审。本文作者长期以来对此并不知情,误以为1960年黑龙江省只评讲师,不评副教授。直到撰写前,由于哈尔滨师范大学数学学院内部对秦汝伟前辈的副教授任职,回忆不一,才最终得以查证落实。

孙本旺鼓励并支持秦汝伟从1960年首届毕业生中招收运筹学研究生班,培育运筹学研究与应用人才,还可择优留校,形成团队,为哈尔滨师范学院数学系建立一个很有意义的研究方向。该研究生班约20人,其中有张盛开、沙聚祯、张公万、金益寿、丁吉豫、战新山等。"1960年7月22日至8月1日,中国科学院在山东济南召开了全国运筹学现场会议。这次会议的主要内容是交流山东省及其他地区大搞运筹学的经验,使运筹学线性规划得到更加广泛的应用,在物资调拨、交通运输、工业生产和农业生产等方面……"(见吴从炘藏书《科学通报》,1960年,第15期,第478页)。所以,刚入学的研究生班学员自然而然地在进修归来学有所长的秦汝伟的带领下投入到运用线性规划的全国性运动之中。作为研究生班,当然也得学习理论性课程。为该班讲授"排队论"的1958年吉林大学数学系毕业分配来到哈尔滨师范学院工作的田承志、张之凰(女)和韩龙俊等人回忆称:"还有北京师范大学代数方向1952年来系的周汝奇和北京大学来系的潘志刚分别为该班讲授'信息论'与'对策论'。"1962 年该运筹学研究生班毕业时,恰逢各高校都在贯彻执行"调整 巩固 充实 提高"八字方针,结果该班除战新山因患严重耳疾无法讲课,留在数学系资料室工作外无一留校。但还是培养了一些人才,如张盛开分配到东北重型机械学院仍坚持对运筹学的研究,后来成为大连铁道学院教授,沙聚祯也当上哈尔滨工业大学管理学院教授,等等。同时系内授课教师也得到了锻炼和提高。

《科学通报》第 478 页左侧

5. 介绍 Orlicz、李文清、丁夏畦三人的某些有关情况

由于前文提到了孙本旺将哈尔滨师范学院朱学志推荐给曾为 1958 年在中科院讲学的 Orlicz 担任翻译的李文清,

向他学习,请他指导。丁夏畦则是孙本旺向华罗庚引荐到数学所工作并为国内在重要刊物发表 Orlicz 空间论文的第一人。而以 Orlicz 名字命名的函数空间——Orlicz 空间更是一类应用广泛的具体泛函空间。因此,特撰写这一段。

Waladyslaw Orlicz 1903 年 5 月 24 日生于 Cracow 的一个小镇,1919 年随家定居于 Lwòw。1920—1939 年 Stefan Banach 和 Hugo Steinhaus 共同在 Lwòw 创办 Stefan Banach 学校。这里有许多同事,如 W. Birnbaum,M. Kac,S. Mazur,J. Schauder,S. Ulam 等。1928 年 Orlicz 获博士学位。1929—1931 年 Orlicz 在著名数学中心哥廷根工作,1937 年 Orlicz 晋升为 Poznan 大学副教授,第二次世界大战后,Orlicz 回到 Poznan 大学,1948 年任教授。自 1962 年起 Orlicz 担任 *Studia Mathematica* 主编,1977—1979 年任波兰数学会主席,在 1983 年华沙召开的国际数学家大会任名誉主席,他也是波兰科学院院士。

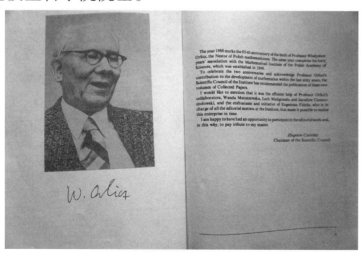

Orlicz 先生

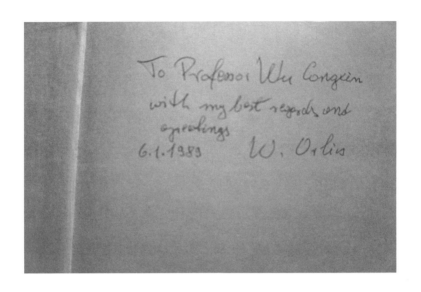

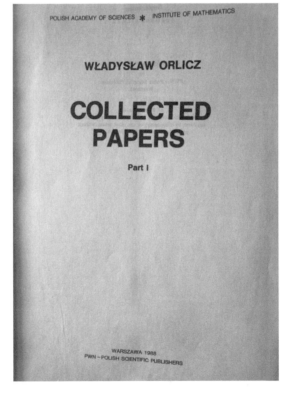

Orlicz 先生赠吴从炘他的两卷论文选集

Contents

Orlicz 论文选集目录首页

丁夏畦为国内首位研究 Orlicz 空间的学者并将论文刊登于重要刊物:《科学记录(新辑)》第一卷(1957)No. 5,第287~290 页;第二卷(1958)No. 2,第 57~60 页(新辑是指不同于中华人民共和国成立前已经出版的《科学记录》,以中、外文同时出版,仿苏联科学院报告每篇中文不超过 6页,可以全部没有证明。早期规定要由学部委员推荐,执行中有困难后取消,新辑仅发行四卷(1957—1960)后停刊)。丁夏畦是孙本旺在武汉大学工作时向华罗庚推荐分配到中国科学院数学研究所工作的(见《高邮日报——数字报》,1951 年武汉大学数学系第一名优秀毕业生丁夏畦进入华罗庚筹建的中国科学院数学研究所工作,日后成为该所著名数学家)。

　　吴从炘借助 W. A. J. Luxemberg 在 1955 年的博士论文 *Banach Function Spaces*,1959 年推广了丁夏畦这两篇文章,发表在《科学记录(新辑)》第三卷(1959)No. 7,一篇是在第 207 ～ 209 页,另一篇是在第 210 ～ 212 页,成为国内最早 Orlicz 空间研究者之一。作为学术同行和先行者,丁夏畦给予吴从炘许多帮助,曾作为吴从炘申报基础数学博士生导师的推荐人。

　　李文清生于河北滦县,厦门大学教授,曾就读于燕京大学并留学日本京都大学与大阪大学,他是我国著名的泛函分析专家,也是我国控制论开拓者之一。他在函数的零点分布、逼近论、泛函分析、控制理论、数论及对策论等方面发表论文 30 余篇,收集为《李文清科学论文集》,1990 年由厦门大学出版社出版。他还著有《泛函分析》(科学出版社,1960),《滤波理论》等;他的译著有《信息论》《线性泛函分析》(科学出版社,1963)等。

　　"文化大革命"前,厦门大学数学系三分之二的课程他都教过,"文化大革命"后为创办厦门大学控制论专业,他自编讲义,自己讲授主干课程。他培养了许多学生和研究生,最突出的是陈景润和林群两位院士。李文清为陈景润创造了各种条件,帮助他能够继续努力学习、研究,并向华罗庚先生推荐了他。1988 年李文清被授予"厦门市劳动模范"荣誉称号,2017 年 7 月 1 日逝世,享年 100 岁。

《李文清科学论文集》

注 在撰写本文中关于孙本旺先生在哈尔滨师范学院兼职部分的过程中,得到哈尔滨师范学院数学系 1964 年毕业生白述伟和 1965 年毕业生刘广云两位教授作为志愿者给予的诸多帮助,至感。

白述伟、刘广云、吴从炘在讨论采访

(二)卢庆骏对黑龙江大学数学学科发展的贡献

1. 卢庆骏简介(节选自《卢传》)

卢庆骏,1913 年 3 月 15 日生于江苏镇江。1936 年毕业于浙江大学数学系。曾在母校任助教、讲师,1944 年晋升副教授。1946 年赴美留学,师从芝加哥大学著有《三角级数》的 A. Zygmund,两年就获得博士学位,又当了一年研究员,1949 年回国,任浙江大学数学系主任、教授。1952 年全国高校院系调整,卢庆骏随浙江大学数学系并入上海复旦大学任教授。1953 年 3 月调到哈军工任高等数学教授会教授、主任。他在 Fourier 级数方面发表主要论文有 12 篇,其中 2 篇刊登于 1957 年。1958 年被聘兼任黑龙江大学数学系主任。1962 年,北京国防部第五研究院(简称"五院",先后改名为七机部、航天部)指名调卢庆骏前往工作,创办705 所(质量控制所)。但哈军工坚决不放,改以两边协作为名开始工作,不做正式调动。直到 1965 年 3 月才正式调京,任七机部第一研究院(简称"一院")副院长兼 705 所所长,后任航天部总工程师。曾获国家科技进步一等奖,荣立航天部一等功。1995 年 7 月 6 日逝世。

卢庆骏(中)与他早年的学生周元燊(左)、

吴洪鳌(右)1993 年秋于卢庆骏家中

2. 黑龙江大学数学系建系初简况

黑龙江大学数学系建系时教师主要分为两部分:一部分是从哈尔滨师范学院数学系调来的几位讲师、助教,如朱士庄、颜秉海、冯春玲等;另一部分是从东北人民大学分配来的数学系应届毕业生,如韩志刚、孙德宝、赵德惠、申及(女)、高树栋等。数学系不像物理系那样,有来自东北人民大学的直接支援——调解俊民副教授来当系主任,而是由哈尔滨统计局局长王树本任系主任,因统计与数学有关。王树本行政级别较高且重视知识分子,很快就担任黑龙江大学副校长。于是,哈军工急地方院校之所急,派高等数学教授会主任、德高望重的著名数学家卢庆骏兼任黑龙江大学数学系主任。

3. 卢庆骏是怎样领导并全面推动黑龙江大学数学系的教学工作的

卢庆骏教授当时主要负责数学系的课程设置、教学计划的制订和一些教师的工作安排,特别对系里最重要的基础课的授课者,他都是亲自过问的。

他首先抓数学系为其他系开设的"高等数学"课,这是牵涉刚建立的数学系在校内声誉的一门课。这门课往往又容易被讲课老师,乃至领导误以为课程内容比较浅显,好教,而没有给予足够的重视。卢庆骏教授则为此选派哈军工优秀的青年教师吴克裘[①]来当此重任,取得了很好的效果。

与此同时,卢庆骏教授又选派哈军工邓金初为数学系学生主讲最重要的基础课"数学分析",并让韩志刚担任习题课老师。现在已经是黑龙江省教学名师的黑龙江大学数学系首届(1958级)学生邓自立在被采访时曾说:"邓老师是按照苏联莫斯科大学教材来讲课的,标准很高。每次上课,从头至尾都讲得非常认真,我们很感动。因此,我们打的基础是比较好的。"

卢庆骏教授本人还为首届学生主讲数学系的主干课"概率论与数理统计"。尽管1956年哈军工就有这门课的

---

① 吴克裘,男,江苏南通人,1926年10月出生,1948年毕业于武汉大学。1952年底调至正在筹建的哈军工,任助教。他是孙本旺在武汉大学的学生,在《孙传》第164页最后一段所列仅6位成为知名学者和优秀教师,或国防科技战线专家的孙本旺的学生名单中,他位列第二。

讲义(见《卢传》第 196 页),但因为哈军工是严格保密单位,教学文件一律不得外借,因此黑龙江大学数学系的同学们仍无法见到这份讲义,只能边听讲,边记笔记。同样哈尔滨师范学院的同学也只能边听边记孙本旺教授的"数理方程"讲义。吴从炘对此深有体会,1964 年秋他曾为哈尔滨工业大学 6254 班讲"工程数学"。"62"表示 1962 年入学,"5"表示 5 系(与火箭相关严格保密的系,对外称工程力学系,学生上课和食宿都在新建的保密楼——5 系楼内,听课笔记、资料等学习用品一律不准带离班级专用教室,出楼要领导批准。该楼有专门的警卫连,外来人员,如授课教师需持专门的出入证。哈尔滨工业大学是 1961 年划归国防科委领导,1962 年学校由民转军基本完成,5 系开始招生),"4"表示专业代号。请参阅《哈尔滨工业大学校史(1920—2000)》(哈尔滨工业大学出版社,2000 年:233,336 ~ 337 页)。

4. 卢庆骏是怎样为黑龙江大学数学系带出一个现代控制论的研究方向,培养出一个研究团队的

卢庆骏教授是一位全国知名的数学家,他来到黑龙江大学担任数学系兼职系主任,校领导特别希望能够通过他为数学系带出一批人才。卢先生早已成竹在胸。首先需要选择一个正确、合适的研究方向,接着就是针对黑龙江大学数学系的实际状况应该采取什么方式进行培养。他没有选取轻车熟路的 Fourier 分析,而是选取概率论方面苏联学者有广泛应用的"平稳随机函数"作为研究方向,其中他也考虑到中山大学梁之舜①已经将苏联数学家 A. M. Яглом 的综述论文翻译成中文:《平稳随机函数导论》刊登在 1956 年的《数学进展》第 2 卷,第 1 期,第 3 ~ 152 页,并且努力读懂一篇某研究方向好的综述论文是进入该方向研究的一种很有效的方法。

平 穩 隨 機 函 數 導 論

Введение в теорию стационарных случайных фунций

A. M. 雅格龍 (Яглом)

本文的主要目的是 给予平穩隨機函數（序列或過程）的外推和濾過問題以盡可能初等的,而又數學上最格的敍述。由於力求作初等的敍述,因而對於這問題故簡單的特別情形——有理的（對 $e^{i\lambda}$ 或對應地對 λ）譜密度存在的情形,將予以較多的注意。至於 A. H. 柯爾莫哥洛夫 (Колмогоров) 關於一般情形的深入理論 [21, 22],本文重將其結果作簡短概覽。

本文第一章,包含平穩隨機函數分譜理論相當全面的敍述。這一理論是以 A. Я. 欣金 (Хинчин) 的著作 [20] 爲基礎發展起來的,在今天已構成這領域中差不多全部研究的基礎。這一章即使不與外推與濾過理論聯繫在一起,獨立研究也很有趣味。

對讀者祇要求具有概率論與複變函數論的基礎。要理解第二章,還要求知道希爾伯特空間幾何的簡單事實,例如 H. И. 亞希哀薜 (Ахиезер) 奧 И. M. 格拉司曼 (Глазман) 的書 [92] 第一章所講的;否則讀者祇能承認某些關於這方面的論斷了。

作者把 1948—1949 年在國立莫斯科大學對數學力學系的學生及研究生小組所講的講義,及 1951 年在該系由 E. Б. 迪金 (Дынкин) 所主持的學生習明納爾中所作的幾個報告作爲本文主要內容。與 A. H. 柯爾莫哥洛夫多次談話,對作者所有在隨機函數領域的全部研究上起着重大的影響;在這些論題上作者與 A. M. 奧布可夫 (Обухов) 亦曾作過一些結果的討論。在本文寫作過程中, A. C. 芒年 (Монин) 對作者有重要的幫助;他的有力的幫助大大加快了論文的完成。A. H. 柯爾莫哥洛夫及 A. M. 奧布可夫在閱讀手稿時提出很多寶貴意見。作者很高興乘此機會向 A. H. 柯爾莫哥洛夫, A. M. 奧布可夫及 A. C. 芒年表示誠摯的感謝。

---

* 原载 Успехи математических наук, Том VII, выпуск 5(51), 1952.

3

《数学进展》中 A. M. Яглом 撰文的首页

---

① 梁之舜,男,广东佛山人,1920 年 5 月 19 日出生,1945 年毕业于中山大学数学天文系。1948 年赴法国留学进修 3 年,1951 年回母校任副教授。1958 年又前往苏联进修 2 年,1978 年晋升教授。1981 年成为我国首批博士生导师,建立了中山大学的概率统计博士点,并曾担任数学系副主任、主任。

[79] Бунимович В. И. и Леонтович М. А., О распределении числа больших отклонений при электрических флюктуациях, ДАН, **53** (1946), 21—24.

[80] Бунимович В. И., Флюктуационный процесс как колебание со случайной амплитудой и фазой, Журн. техн. физ., **19** (1949), 231—259.

[81] Bode H., Shannon C., A simplified derivation of linear least squire smoothing and prediction theory, Proc. IRE, **38**, No. 4 (1950), 417—425.

[82] Cunningham L. B. C., Hynd W. R. B., Random processes in problems of air warfare, Suppl. Journ. Roy. Stat. Soc., **8**, No. 1 (1946), 62—85.

[83] Колмогоров А. Н., Локальная структура турбулентности в несжимаемой жидкости при очень больших числах Рейнольдса, ДАН, **30** (1941), 299—303.

[84] Колмогоров А. Н., Рассеяние энергии при локально-изотропной турбулентности, ДАН, **32** (1941), 19—21.

[85] Обухов А. М., О распределении энергии в спектре турбулентного потока, Изв. Акад. Наук СССР, сер. геогр. и геофиз., № 4—5 (1941), 453—466.

[86] Обухов А. М. и Яглом А. М., Микроструктура турбулентного потока, Прикл. матем. и мех., **15** № 1 (1951), 3—26.

[87] Яглом А. М., Однородная и изотропная турбулентность в сжимаемой жидкости, Изв. Акад. Наук СССР, сер. геогр. и геофиз., **12** (1948), 501—522.

[88] Taylor G. I., The spectrum of turbulence, Proc. Roy. Soc., A, **164** (1938), 476—490.

[89] Обухов А. М., Характеристики микроструктуры ветра в приземном слое атмосферы, Изв. Акад. Наук СССР, сер. геофиз. (1951), 49—68.

[90] Кречмер С. И., Исследование микропульсаций температурного поля в атмосфере, ДАН, **84** (1952), 55—58.

[91] Foster G. A. R., Some instruments for the analysis of time series and their application to textile research, Suppl. Journ. Roy. Stat. Soc., **8** (1946), 42—61.

其 他 参 考 文 獻

[92] Ахиезер Н. И. и Глазман И. М., Теория линейных операторов в гильбертовом пространстве, Гостехиздат, М.-Л., 1950.

[93] Плеснер, А. И., Спектральная теория линейных операторов, Усп. мат. наук, вып. **9** (1941), 3—125.

[94] Смирнов В. И., Курс высшей математики, т. 5, Гостехиздат, М.-Л., 1947.

[95] Вейль А., Интегрирование в топологических группах и его применения, ГИИЛ, 1950.

[96] Райков, Д. А., Гармонический анализ на коммутативных группах с мерой Хаара и теории характеров, Труды матем. инст. им. В. А. Стеклова, **14**, 1945. 86.

[97] Ахиезер Н. И., Лекции по теории аппроксимации Гостехиздат. М.-Л., 1947.

[98] Гливенко В. И., Интеграл Стильтьеса, М.-Л., 1936.

[99] Смиренин Б. А. (ред.), Справочник по радиотехнике, М.-Л., 1950.

[100] Ольсон Г., Динамические аналогии, М., 1947.

[101] Титчмарш Е., Введение в теорию интегралов Фурье, Гостехиздат, М.-Л., 1948.

(梁之舜译)

《数学进展》中 A. M. Яглом 撰文的末页

由于卢先生很清楚在黑龙江大学数学系现有教师中只有韩志刚等人可以从事"平稳随机函数"方向的研究,所以必须从首届本科生中提前着手培养。于是,他于1960年开设了"随机过程论"这一课程(见《卢传》第196页的文献[14],即随机过程论(1960年黑龙江大学讲义,该讲义系哈军工讲义,也不允许发给黑龙江大学学生))。

随后成立了由韩志刚和邓自立、杜长泰、陈福厚、李云龙、董金田5位58级学生组成的概率论小组,其中杜长泰、陈福厚、李云龙3人已留校任教。按《卢传》第196页文献[17]信息论(1961年黑龙江大学概率论小组讲义)可知:卢先生为将该小组的视野拓展到信息论而开设了专题讨论班(此时因工作需要,陈福厚转到计算数学,李云龙退出该小组)。考虑到A. M. Яглом的文章涉及许多泛函分析的内容,卢先生又为概率论小组开设了谱论专题讨论班。综合卢先生兼任黑龙江大学数学系主任以来各方面的重大贡献,1961年卢庆骏教授获得黑龙江大学优秀教师奖。

1962年秋至1963年春,邓自立、董金田也已留校任教,卢先生一方面正式为韩志刚、邓自立、杜长泰、董金田,以及来自黑龙江工学院的旁听者朱迎善主讲A. M. Яглом的《平稳随机函数导论》,每周两次;另一方面组织该小组成员读相关文献,轮流报告,每周一次,卢先生要求极严格。邓自立在接受采访时曾说:"有一次我做报告,有一个理论问题需要推导,他(指卢庆骏)问我推导了吗?我说没有,他严厉地批评了我。卢老师说他在浙江大学的时候，有一个学生叫夏道行，现在是著名的数学家，当时让他们推导，他们都推导了。为什么你不推导呢？卢老师对基础部分、学术细节要求非常严格。卢老师不是为了批评而批评，他是为了告诉大家要有一个严谨的学术态度。"邓自立还说："有一次我们的学长韩志刚做报告，也曾受到卢老师的严厉批评。"当问道："您当老师的时候，是不是对学生也都特别严？"他的回答是："我现在就特别严，学生都怕我。"

卢先生不仅讲课思路非常清晰，而且还介绍了 Wiener 滤波理论，把研讨班成员带领到现代控制论领域，取得显著成绩，为黑龙江大学带出了一个研究现代控制论的团队。韩志刚，1990 年成为全国第 4 批控制理论与应用专业的博士生导师，他也培养了许多优秀学生，如：

博士生　孙书利（教育部新世纪人才，龙江学者）

　　　　齐国元（天津科技大学，天津市千人计划）

硕士生　段广仁（哈尔滨工业大学，中国科学院院士，获国家杰出青年基金、国家自然科学二等奖）

　　　　张焕水（山东大学，获国家杰出青年基金）

　　　　邓自立（黑龙江省教学名师，黑龙江省优秀专家，全国高校先进科技工作者。曾获黑龙江省科技进步一等奖，国家科技进步二等奖，教育部科技进步三等奖各 1 项，以及国家原教委和科委颁发的"金马奖"，将现代控制理论

和传统时间序列分析方法相结合开拓成一门新兴学科）

韩志刚（右四）主持吴从炘博士生的答辩

邓自立（右）与吴从炘在张家界的合影

尤其令人感动的是，如本文卢庆骏简介所述，卢先生为黑龙江大学概率论讨论班讲授"平稳随机函数导论"之时，已经以国防部五院和哈军工两边协作为名开始"五院"的工作。可以说黑龙江大学的兼职不再是分内事了,而卢先生这种敬业与担当的精神更充分体现出他是当年哈军工特殊形式的军爱民时代凯歌的主人公,但在《卢传》中却仅仅用:"文献[23]泛函分析与平稳随机函数(1963)"淡淡地一笔带过。2018 年我们迎来卢庆骏兼任黑龙江大学数学系主任 60 周年。

二、卢庆骏、孙本旺对 1956 年组建哈尔滨市数学会并领导开展各项学术活动,推动哈尔滨各高校数学学科发展的贡献

(一)卢庆骏、孙本旺对 1956 年组建哈尔滨市数学会的贡献及相关情况

1. 中华人民共和国成立后,哈尔滨工业大学首任校长(兼职)冯仲云毕业于清华大学数学系

冯仲云(1908—1968),1927 年 5 月 1 日加入中国共产党,1928 年 1 月至 1929 年(月份不详)担任清华大学第 6 任党支部书记。1926—1930 年就读并毕业于清华大学数学系。1930 年 10 月经清华大学数学系主任郑之番的推荐,到哈尔滨商船学校任教。1933 年 7 月任中共满洲省委秘书长,1946 年 4 月当选松江省政府主席。1949 年 5 月至 1951 年 6 月兼任哈尔滨工业大学校长。1953 年 3 月任北京图书馆馆长。1954 年 10 月起任水利部、水利电力部副部长,直

至逝世(选自吴从炘藏书《二十世纪哈工大人》上卷,第 5 ~ 10 页,于 2019 年 9 月在清华大学甲所阅读《清华大学革命先驱上》(清华大学出版社,2004 年)时,记录了其中的 97 页部分内容)。

因此,1950 年 2 月 14 日在北京师范大学召开的中国数学会京津临时干事会座谈会(任南衡,张友余. 中国数学会史料. 南京:江苏教育出版社,1995. 吴从炘藏书,以下简称《史料》,第 165 页)决定补推临时干事,并请其从速组织各地区分会,其中有哈尔滨工业大学冯仲云。

由于 1951 年 8 月 15 日至 20 日冯仲云已不再兼任哈尔滨工业大学校长,故未能出席此期间在北京大学召开的中国数学会第一次全国代表大会(《史料》第 179 页)。这样,哈尔滨就和更早成立市数学会擦肩而过。

2. 1956 年哈尔滨工业大学数学教研室的状况

与哈军工同在大直街,却位于另一端的哈尔滨工业大学,1920 年由俄国人创办,1950 年移交给中国,当时只有几位中国教师,都是教中文的。

1949 年 5 月至 1951 年 6 月,时任松江省主席,毕业于清华大学数学系的冯仲云兼任哈尔滨工业大学校长,曾亲自前往上海、南京等地聘请教师,并从南京金陵大学聘到数学教授吴咏怀来哈尔滨工业大学任教,随后又聘请了几位数学教师,但都不会俄语,"高等数学"主要由苏侨教师授课。哈尔滨工业大学本科生 6 年制,头一年先学俄语,也叫预科。

吴咏怀照片(吴咏怀家属提供)

1951年6月25日,中央正式任命德国化学博士,曾任延安自然科学院院长的"传奇人物"陈康白为哈尔滨工业大学校长,学习推广苏联先进经验。这时苏联陆续派来许多专家,他们严格按照苏联高校的教学计划、教学大纲、教学内容等组织本科生的教学,1950—1952年间入学学生人数逐年增加,但苏侨数学教师又相继退休或离校,会用俄语授课的中国数学教师更显匮乏。与此同时,哈尔滨工业大学的苏联专家还开办研究生班,面向全国招生。于是,学校领导,特别是校长陈康白就动员研究生班中可以讲数学课的学员提前留校工作。这里包括三种情况:一种是像储钟武、曹斌那样,数学系毕业又没有工作单位直接上研究生班的;另一种是毕业于数学系,但是从其他高校派来的;再有一种就是本人非数学专业,但数学基础较好。第二种情形为数不少,可是动员结果仅3人同意。

一位是刘谔夫,来自复旦大学,原单位同意无条件放人,另一位是南京大学的章绵,原单位要求派一名研究生交换,再一位是东北工学院的,原单位不放,但愿意让1951年毕业于安徽大学数学系已在东北工学院工作的吴声和到哈尔滨工业大学任教。

曹斌(1926.5—2014.3),男,教授,中共党员,1950年毕业于山东大学数学系,经组织分配到哈尔滨工业大学研究生班学习,1952年结业后留校执教,曾任哈尔滨工业大学数学教研室副主任、主任,并兼任哈尔滨市数学会理事(1958—1961)和哈尔滨市标准化协会副理事长。

曹斌教授在数十年的教学生涯中先后为工科本科生、研究生和数学专业本科生、研究生开设数学分析、概率统计等十余门课程,深受广大学生欢迎。曾多次受高等教育出版社邀请参加编制全国工科院校概率论及数理统计教学大纲,曾在国内首次将数理统计学应用到齿轮标准的编制工作中,合理地编制了齿轮标准中的公差计算、公差关系式和公差数值表。参加编制了《小模数渐开线圆柱齿轮精度标准》《小模数圆柱蜗轮、蜗杆精度标准》等,1978年在哈尔滨工业大学被评为先进科技工作者,获国务院第八机械工业部颁发的科技成果奖,1982年获电子工业部优秀科技成果奖,并获国家标准总局的表彰。

储钟武(1923.5—2001.4),男,教授,江苏宜兴人,1947年浙江大学数学系毕业,1949年9月入哈尔滨工业大学研究生班学习,1952年结业留校任教,1956年到1958年受哈尔滨工业大学派遣到中国科学院进修计算数学和偏微分方程。历任哈尔滨工业大学计算机软件教研室副主任、计算数学教研室副主任、主任,"哈尔滨市数学会第二届理事会(1961—1978)理事"。曾任黑龙江省数学学会副理事长兼秘书长,黑龙江省计算数学学会理事长。

储钟武教授数十年来担负了大量教学与科研工作,成绩卓著。特别在哈尔滨工业大学1958年创建的计算数学专业的学生的培养过程中承担了大量教学实践工作,为新中国计算数学专业的教学内容设立、教学大纲的制定进行了有益的探索。1975年设计并编写出"记分牌控制管理程序",该项目获国务院第四机械工业部科技一等奖。20世纪80年代参加多项科学研究项目,为民用和国防事业的科技进步做出了贡献,编译过俄、德、英多本数学著作,特别翻译了德文版的数学名著《微分方程数值解》。

刘谔夫(生卒不详),男,教授,毕业于国立蓝田师范学院数学系,1950年入哈尔滨工业大学研究生班学习,1952年结业留校任教,1952年曾任哈尔滨工业大学图书馆馆长,1952年和1963年都曾担任哈尔滨工业大学数学教研室副主任,1980年调入第二汽车制造厂职工大学(湖北汽车工业大学前身)任副校长。

章绵(1926—2012),男,教授,1949年毕业于南京大学数学系,留校任教。1950年入哈尔滨工业大学研究生班学习,1952年结业留校任教,1956年进入苏联莫斯科大学进修计算数学,1958年返哈尔滨工业大学执教,1962年晋升副教授,1980 年前后调入北京工业大学二分校任教。

王泽汉(1913—1991),男,教授,毕业于国立河南大学数学系,1952 年调入哈尔滨工业大学数学教研室为副主任、副教授。1953 年吴咏怀教授去世后,王泽汉曾担任数学教研室主任,1956 年当选为"哈尔滨市数学会理事"。

注 王泽汉是成立于 1951 年 5 月 31 日的中国数学会长春分会理事(东北工学院副教授),见《史料》175 页,其中"泽汉"误为"次汗"。

林畛(1923—2009),男,教授,浙江温岭人,毕业于国立蓝田师范学院数学系,1953 年来哈尔滨工业大学执教,1962年晋升副教授,曾任哈尔滨工业大学数学教研室副主任、主任,曾担任哈尔滨市数学会副理事长和黑龙江省数学会副理事长。

1953 年起相继有大批名校数学系毕业生、提前毕业生和专科毕业生分配到哈尔滨工业大学数学教研室:

1953 年　林龙威,王步云(北京大学),曾名淦,胡玫(女),刘经国,龙文庭(南昌大学)

1954 年　富景隆,孙肇英(东北人民大学),田重冬(女),李克修,陈俊澳等 7 人(南开大学)

1955 年　吴从炘,李希民(东北人民大学),罗声政,黄孝耀(武汉大学)

1956 年　李火林(武汉大学),金永洙,王丽忱等 4 人(东北人民大学),杨克邵,何德周,吴登青等 7 人(兰州大学),曹志为,江孟达(女),刘长德,何贤兴等 5 人(四川大

学),汤达周(南开大学),徐民京(山东大学),蒋宏愈等3人(北京大学),共20多人

1956年1月周恩来号召"向现代科学进军"。已有相当规模的哈尔滨工业大学数学教研室,在王泽汉主任主持下,教师们学习积极性十分高涨。然而,仅李希民、吴从炘的毕业论文曾刊登于东北人民大学《自然科学学报》1955年创刊号(178~180页和167~171页)。

自 然 科 學 學 報
1955年 第1期
目 錄

李希民、吴从炘的毕业论文曾刊登于东北人民大学《自然科学学报》

此外,只有王泽汉、吴从炘于 1956 年 6 月 6 日在哈尔滨工业大学第 5 次教学法和科学技术研究会议的第 6 分组公共教研室第 2 次会议上宣读论文:

王泽汉　数学中的矛盾

吴从炘　论 $L^p(0,1)(P>1)$ 空间内的弱收敛性

吴从炘　单调函数的一些性质

(吴从炘文 1 只有油印摘要,文 2 刊登于《数学通讯》1956 年第 2 期 1~4 页)

文 2 刊登于《数学通讯》

1953 年,哈尔滨工业大学新生是最后一届要读 1 年俄语预科的学生,也就是说,1955 年开始,入学学生除了外语课,全部用中文讲授。同年 10 月,团中央书记处书记李昌到校担任校长及党组书记,陈康白调任中国科学院任秘书长(党组成员)。

李昌校长履新后,为便于更好地与苏联专家沟通交流,自学俄语,作为清华学子,深知"高等数学"乃工科大学之关键课程,数学更是工科发展的支撑学科,从自身做起,请章绵讲师补习微积分,每周两次。

李昌校长为了发展数学学科,领导数学教研室制订发展规划。

1956 年暑期,学校根据哈尔滨工业大学数学教研室发展规划,派遣讲师章绵与储钟武分别前往莫斯科大学和中国科学院进修计算数学和偏微分方程,助教吴从炘重返母校跟随江泽坚先生进修泛函分析,进修期限均为两年。提前毕业生李火林仍留在武汉大学继续学习函数论。

章绵、储钟武之所以被选送出国,赴中国科学院进修,显然考虑了他们两人的双学科背景,都读了 7 年 2 个系,章绵读的是物理与数学,而储钟武是电机和数学。

由于章绵赴苏需做准备,暑期无法为校长补课,学校让吴从炘代之,每周 6 晚,每晚 4 学时,包括积分学与无穷级数,据说效果尚好,且是章绵所推荐。

两年后,章绵、储钟武为创办计算数学专业做出了贡献,吴从炘也为该专业学生的基础数学课程的讲授做出了努力,当然这一切都是后话。

李昌(1914—2010)1933 年在上海同济大学高中部加入共产主义青年团。1935 年 9 月至 1937 年春就读于清华大学物理系、历史系,1936 年入党,1936 年 8 月至 10 月曾担任清华大学第 24 任党支部组织委员。1937 年 2 月当选中华民族解放先锋队全国总队长。

1938 年 9 月到延安,任中共中央青年工作委员会委员,中国青年团体联合办事处副主任。

1943 年任兴县县委副书记。

1946 年任中国人民解放军四纵队政治部主任。

新中国成立后,任华东及上海团工委书记,1951 年当选团中央书记。

1953 年 10 月至 1964 年 11 月任哈尔滨工业大学校长。

1964 年任国家对外文化联络委员会副主任、党组书记。

1975 年与胡耀邦一起担任中国科学院领导小组成员、副院长,协助邓小平整顿中国科学院。1977 年任党组书记。

1956 年当选为中共中央候补委员,1979 年增补为中共中央委员。

1982 年在中共中央纪律检查委员会任书记。

1985 年任中央顾问委员会委员。

离休后，从事为中国地区开发研究、扶贫等社会工作。

（选自《二十世纪哈工大人》上卷第 11～12 页及《清华大学革命先驱（上）》第 98,126 页）

3. 1956 年东北农学院数学教研室的状况

东北林学院是由东北农学院与林学相关专业组建而成的一所林业高等院校。1956 年还是同一个数学教研室，吴从炘曾参加过该室的泛函分析讨论班活动。这是因为 1955 年南开大学泛函方向毕业生孙学思和东北人民大学泛函方向毕业生苗先秀分配至东北农学院，邀请吴从炘加入他们的不定期泛函讨论班。吴从炘记得他讲过一次关于度量空间怎样通过 Cauchy 列进行完备化的具体步骤等。该讨论班随 1956 年孙学思考取东北人大研究生，吴从炘重返母校进修自动停止。同年，兰州大学数学系徐中儒、杨汝康等 3 名毕业生分配到东北农学院。

东北农学院建校时间较早，老教师较多，数学教研室自不例外，有 3 位副教授：

白清平（数学教研室主任）

白心泉（基础部主任）

何泽洪（后曾担任东北林学院基础部副主任）

另有老讲师王任适、李世达、许永丰等多人。

4. 1956 年哈尔滨市数学会成立概况

1956 年 8 月 13 日至 19 日,中国数学会于北京召开论文宣读大会,出席大会的代表有 100 人,在 161 篇论文中青年数学家占了很大的比重(见《史料》208~209 页和 214 页)。

这时,哈军工卢庆骏的 2 篇论文即将刊登于重要刊物:

Science Record,(New)1(1957),363-368.

Acta Math. Sinica,7(1957),520-532.

(见《卢传》的[11][12]);孙本旺也有 1 篇论文刊登于重要刊物:

数学学报第 6 卷第 3 期,第 405~417 页,1956(见《孙传》的[6])。他们两位理所当然地列入百人代表之列,而他们在数学界的地位和影响力,更使得中国数学会必定委托他们组建哈尔滨分会,也就是哈尔滨市数学会。

参照中国数学会早期成立的地方分会的组建情况,如卢庆骏曾经担任理事的 1951 年 6 月 5 日成立的杭州分会的理事只有 9 人,其他分会、理事会的构成尽管职位、头衔的称呼、设置五花八门,但除个别分会外,其规模与杭州分会基本相当。

因此,1956 年组建的哈尔滨市数学会首届理事会大致是:

理 事 长   卢庆骏

副理事长   孙本旺

理　　事　王泽汉,白心泉,孙学宗,颜秉海及中专、中学等中等性质学校教师 1～2 人

数学会秘书处,即挂靠单位设在哈师院,秦汝伟为秘书

由于黑龙江大学数学系和林学院数学教研室的成立,王泽汉不再担任哈尔滨工业大学数学教研室主任,秦汝伟晋升副教授及孙学宗离开哈尔滨等因素,市数学会理事做了个别调整,曹斌替换王泽汉,何泽洪增补为理事。

注　1960 年,卢庆骏以黑龙江大学数学系主任的名义当选为中国数学会第 2 届理事会理事,见《史料》235 页倒 4 行。

(二)卢庆骏、孙本旺领导开展哈尔滨市数学会各项学术活动进而推动哈尔滨各高校数学学科发展的贡献

1. 哈尔滨市数学会展开运筹学应用研究

1958 年全国各地大搞运筹学应用,这期间华罗庚教授来到哈尔滨,领导高度重视,极大地推动了运筹学应用在哈尔滨的广泛开展,市科协主抓了这项工作,由学会部干部敖淑荣具体负责。据东北农学院数学教研室徐中儒回忆:市科协将 1958 年秋至 1959 年春这方面成果汇编成集

运筹学在工业上的应用(有 20 多项)

运筹学在农业上的应用(近 15 项)

后者由徐中儒执笔,当时他正在哈尔滨平房区农村劳动锻炼,在劳动力调配、运输调度方面用到运筹学中的表上和图上的作业法,还曾开了六七次现场会。徐中儒保存了这个

成果的汇编集,可最终没有找到,令人惋惜。哈尔滨工业大学数学教研室罗声政则回忆道:他曾经和其他人一起到哈尔滨车辆厂推广线性规划,与全国著名劳模苏广铭合作,成果刊登在《新晚报》(应为《哈尔滨晚报》)头版,但未能提供具体信息或资料。

市科协旧址(2018 年拍摄)

　　1960 年 10 月哈尔滨市数学会与哈尔滨交通专科学校合作开展运筹学应用于交通运输的研究项目。由哈尔滨交通专科学校的王才仪老师任组长,即项目负责人,参研人员来自哈尔滨师范学院运筹学研究生班刚入学的几名学员和黑龙江大学数学系、哈尔滨工业大学数学教研室的个别老师,吴从炘在王才仪领导下蹲点位于三棵树跨线(指铁路)桥附近的汽车三队开展工作。吴从炘有一张珍藏 59 年之久的课题组成立时在哈尔滨交通专科学校内的合影。

前排右三:王才仪,右四:哈尔滨交通专科学校领导,

右三与右四之间的后排:秦汝伟,前排右五:吴从炘,

后排左一:研究生班学员张公万,前排右一:金益寿,

前排右二:冯春玲

2. 哈尔滨市数学会 1961 年年会

关于哈尔滨市数学会 1961 年年会,《哈尔滨晚报》1962
年 1 月 5 日有如下报道。

市数学学会举行年会

日前,我市数学学会举行了 1961 年年会,会上宣读了
论文二十五篇,并展开了讨论。

黑龙江大学数学系主任、市数学会理事长卢庆骏教授做了《概率论与数理统计》的报告;市数学会副理事长孙本旺教授报告了他在"连续几何学"方面的研究成果。哈尔滨工业大学青年教师吴从炘,报告了他在数学科学较深的领域——"泛函分析"方面关于"斜列空间一些拓扑性质"问题的研究成果;该校五年级学生蔡耀祖提出"二次型判别定理的推广及其应用"等四篇学术论文,都受到与会代表的重视。民办道里文慧珠算训练班教师于会池报告并表演了几十年来他在珠算技术方面所创造的一些独特方法。会上,还宣读了一部分有关运筹学线性规划方面的论文。

会议选举了新的学会理事会,通过了新的会章,提出了今后学会的工作任务。

注 据哈尔滨师范学院数学系资料室王寿民回忆称:"孙本旺很关心中国传统的计算工具和方法:算盘与珠算。"这才有本届年会邀请民办珠算训练班教师于会池到会报告并表演他的独特方法。他还说:"大约在 1963 年还举办过珠算竞赛,黑龙江商学院梁乃光组织中学生培训,竞赛由秦汝伟负责组织,王寿民、王万祥、梁乃光参加工作。"

此外,在《哈尔滨历史编年(1950—1965)》一书中对这次年会也有记载:

12 月 30 日 市数学会举行 1961 年年会,会上宣读了25 篇论文,并展开讨论。黑龙江大学数学系主任、市数学会理事长卢庆骏教授做了《概率论与数理统计》的学术报告。会议选举了新的学会理事会，通过了新的会章，并提出今后学会的工作任务。

1962 年 1 月 5 日哈尔滨晚报报头

日前，我市数学学会举行了1961年年会，会上宣讀的論文二十五篇，并展开了討論。

黑龙江大学数学系主任、市数学学会理事长卢庆駿教授作了有关"概率論与数理統計"的报告；数学学会副理事长孙本旺教授报告了他在"連續几何学"方面的研究成果。哈尔滨工业大学青年教师吴从炘，报告了他在数学科学較深的领域——"泛函分析"方面关于"斜列空間一些拓扑性质"問題的研究成果；該校五年級学生蔡耀祖提出"二次型判别定理的推广及其应用"等四篇学术論文，都受到与会代表的重視。民办道里文慧珠算訓練班教师于会池报告并表演了几十年来他在珠算技术方面所創造的一些独特方法。会上，还宣讀了一部分有关运筹学綫性規划方面的論文。

会議选举了新的学会理事会，通过了新的会章，提出了今后学会的工作任务。

该日《哈尔滨晚报》关于市数学会举行 1961 年年会的报道

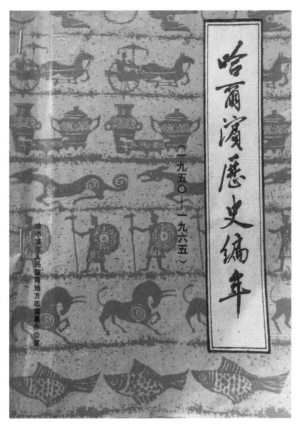

《哈尔滨市历史编年(1950—1965)》一书封面

记郭卫人，副市长张屏参加了落成通车典礼，并讲了话，参加典礼的还有各单位和居民代表300多人。

△ 市人委发出《哈尔滨市建设无轨电车集资券条例的规定》的通知。

△ 我市著名花样滑冰运动健将杨家声、王树本、崔萍、文海美、刘颖瑈，优秀运动员李耀明、王钧祥、王樱、唐仲秋等人均被列入省花样滑冰代表队成员。

12月30日 市数学学会举行1961年年会，会上宣读了25篇论文，并展开了讨论。黑龙江大学数学系主任、市数学学会理事长芦庆骏教授作了《概率论数理统计》的学术报告。会议选举了新的学会理事会，通过了新的会章，并提出今后学会的工作任务。

△ 《哈尔滨晚报》报道：我市市政建设一年来成绩显著。全年维修主要道路30多条，桥梁6座。全面整修了江堤，翻修了化工区堤防，植树280多万株，造林520多公顷。供水能力较年初提高11%，煤气供应能力较年初提高54%。

是年 全市人口1947502人（含郊区人口数）。

该书于 1961 年 12 月 30 日编入市数学会举行 1961 年年会

再就是《哈尔滨工业大学校刊》所刊登的一篇报道，题为：

“哈尔滨市举行数学年会

我校教师储钟武、章绵等出席了年会

吴从炘、冯祥棣和蔡耀祖在会上宣读了论文”

该报道节录如下：［本刊讯］哈尔滨市数学会于1961年12月22日至24日在市青年宫举行。我校出席的代表还有章绵、李希民、罗声政、刘经国、刘谔夫、林明生等以及6名列席代表，储钟武是学会理事。

P.1

完備空間与完備矩陣環理論的新發展*)

吳從炘

詳細目錄

引言

第一章(關于完備空間的一些結果)

§1. 預備知識.

§2. 完備空間距離化成(KF)空間与可賦範為(KB)空間的條件

§3. 收斂自由空間与gestufen空間的距離化与可賦範問題.

§4. 完備空間內对凸集和对任意集合強閉与弱閉等价的條件.

§5. 关于begrenz集的一个逆命題.

§6. 解析函數空間A_R与$A_{\bar{R}}$的有界集与收斂序列.

§7. A_R与$A_{\bar{R}}$的結合空間与共軛空間.

第二章(關于完備矩陣環的一些結果)

§1. 預備知識.

§2. 完備矩陣環各种有界性等价的條件.

§3. 完備矩陣環各种收斂性等价的條件.

§4. 收斂自由空間上完備矩陣環的有界集与收斂序列.

§5. $\Sigma(\sigma_1)$与$\Sigma(\sigma_\infty)$，$\Sigma(A_R)$与$\Sigma(A_{\bar{R}})$的有界集与收斂序列.

§6. $\Sigma(\omega)$与$\Sigma(\varphi)$的一个特征.

*) 本文總結了作者1957年以來在這个方向上的研究成果，其中(除)第一章§2,3,7和第二章§1,2已刊載于科學記錄1959年第3期和哈尔滨工業大學學報1957年第2期外絕大部分內容尚未公開發表.

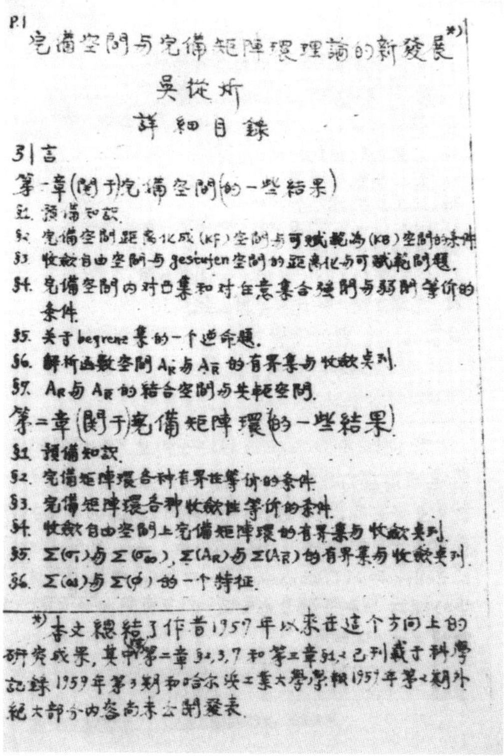

吴从炘报告手稿的首页

我校共宣读论文10篇。年会开幕后,第一个在年会上宣读数学论文报告的是我校5711班学生蔡耀祖,共提交了4篇论文,到会者对此论文很感兴趣,哈尔滨市冶金测量专科学校等单位的代表和教师在会后还与蔡耀祖一起交流了经验。冯祥棣报告的论文,到会者也予以好评。吴从炘提交了5篇论文,只报告了其中1篇:《完备空间与完备矩阵环理论的新发展》,市数学会副理事长孙本旺,我校代表章绵等都认为该论文的水平较高,也比较成熟。

章绵(右)

在年会结束前,中共哈尔滨市委书记林肖硖,副市长张洪树等领导同志接见了我校教师吴从炘和蔡耀祖同学等,和他们进行了亲切的谈话并做了指示。

注 哈尔滨工业大学校刊所提到吴从炘的报告题目《完备空间与完备矩阵环理论的新发展》,实际上可以归属于"叙(《哈尔滨晚报》报道中误作为"斜")列空间一些拓扑性质"的问题。

虽然《哈尔滨工业大学校刊》关于哈尔滨市数学会1961年年会的报道，仅从本校人员参会情况的角度来写，但从中可以看到学会领导对这次会议是做了精心且充分准备的，市领导也给予了高度的重视与支持。因此，会议的规模是很大的，报告的数量较多，质量较高，会上会下的讨论也很热烈，特别是对于青年学生和青年教师的鼓励和扶持，必将有力推动地方高校数学师生树立努力学习，积极开展科研工作的精神风貌。

《哈尔滨工业大学校刊》

下面对吴从炘在会上所做报告内容做一简介。

完备空间与完备矩阵环理论由 G. Köthe 与 O. Toeplitz

47

于 1934 年在 J. Reine Angew. Math. ，1934（171）：193–226
一文中提出，并由 Köthe 在 1935—1951 年的系列文章中得
到发展，它对局部凸拓扑线性空间的产生、形成与发展有重
要影响。

　　完备空间（Vollkommen Raum，Perfect Space）是一类特
殊的序列空间，也叫 Köthe 序列空间，它完全不同于通常泛
函空间理论的"Complete Space"。该文是吴从炘在这方面
研究成果的综述，报告时只发表 3 篇文章，即科学记录新辑
第 3 卷 No.3 的两篇和同年发表在《哈尔滨工业大学学报》
的一篇。会后哈尔滨工业大学科研处要求吴从炘整理该综
述，即

《完备空间和完备矩阵环理论的若干结果》

<table>
<tr><td>该文封面</td><td>该文目录</td></tr>
</table>

以此为题的单行本于 1962 年 3 月由哈尔滨工业大学铅印出版（8 万字，可以购买，该消息刊载于吴从炘保存的 1962 年 6 月 7 号出版的《哈尔滨工大建校 42 周年专刊》）。为什么出单行本，这是因为《哈尔滨工业大学学报》1961 年就已停刊，个别不涉及保密的论文，如纯数学文章，可通过单行本形式公开出售。

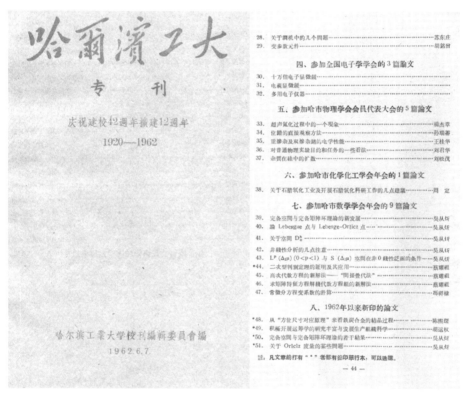

专刊封面　　　　　　　　　　专刊目录

不久后又刊登于《数学学报》2 篇，《中国科学》1 篇，《吉林大学学报》1 篇。而第一章的第一节、第二节和第三章的第七节直到改革开放后才发表，这些研究成果基本上是吴从炘 1956—1958 年在吉林大学进修期间由江泽坚[①]教授指导完成后,做些修改增补,相继投稿并刊出。

3. 哈尔滨市数学会举办中学生数学竞赛

1956 年由中国数学会理事会发起,高教部、教育部也同意,在北京举办中学生数学竞赛(1955 年 12 月 11 日就已成立了以华罗庚为主席的数学竞赛委员会)。同年天津、上海、武汉也举行了中学生数学竞赛。1957 年增加了南京市;1958 年又增加了福州市,但北京、天津停赛;1959 年均停赛;1960 年仅上海举办竞赛。1962—1964 年间北京举办了三届竞赛,成都、上海、武汉、南京、西安等城市也举办过竞赛(见《史料》第 263 页)。

哈尔滨市数学会在 1961 年末举行首届年会后,在以卢庆骏为主席的哈尔滨市中学生数学竞赛委员会领导下展开各项准备工作:一是由各高中按一定名额以各种方式自行推荐参加竞赛的学生名单;二是成立以竞赛委员会副主席孙本旺为首的命题小组,其成员有戴遗山(哈军工)、林畛

[①] 江泽坚(1921—2005),1921 年 10 月 21 日出生于上海。初中毕业。1938 年考入国立西南联合大学数学系,不爱听课,一切都凭自己认真阅读,亲自体会,做心得笔记。曾经休学,后又复学,终不愿为美军当翻译而离去。1948 年经庄圻泰推荐当了清华大学数学系办公室助理(职员编制),不久开始授课,转为教员,为本系讲“复变函数”,自编讲义,1951 年由人民教育出版社出版。1951 年秋到燕京大学兼课,讲“实变函数”,用的是他在 1946 年的自学笔记。1952 年秋调入东北人民大学参与创建数学系,任副教授,1956 年晋升为教授,1959 年被任命为数学系副主任。“文化大革命”后任吉林大学数学研究所首任所长。1987 年与吴智泉合编教材《实变函数》,获国家优秀奖,1995 年与孙善利合编《泛函分析》,获国家教委一等奖。1956 年为指导研究生刘隆复,江泽坚提出(BS)空间。1960 年转向算子理论,他提出(OP)型空间。1964 年江泽坚等所做的研究,17 年后英国才有某些类似的结果。20 世纪 70 年代末,他提出 BIR 算子并猜想 Jordan 块在无穷维 Hilbert 空间合适的类似物就是 BIR 算子,这个预言逐渐由吉林大学讨论班成员及合作者所证实。

（哈尔滨工业大学）、王万祥（哈尔滨市教师进修学院）等。正式竞赛分三个阶段,在 1962 年 5 月下旬进行:（1）为参赛学生举办一次报告会;（2）考试与阅卷评分;（3）颁奖大会。具体地说:

林畛（右）

（1）报告会在原秋林俱乐部大厅举行,王万祥主持会议,继卢庆骏、孙本旺两位教授做报告之后,经竞赛委员会主席邀请,吴从炘副教授（吴从炘的职称在 1962 年 5 月上旬经黑龙江省批准由助教破格晋升为副教授）也做了报告。小礼堂座无虚席。

（2）考场设在哈尔滨市第三中学,答题期间竞赛委员会委员和命题组成员进行巡视。阅卷评分工作除命题组成员外,还包括部分中学教师。

（3）颁奖会仍在秋林俱乐部召开,共 48 人获奖:

一等奖 3 人:郭乃田（八中）,宋朝凤（三中）,人名不详;

原秋林俱乐部（2018年拍摄）

原秋林俱乐部报告厅外景（2018年拍摄）

二等奖10～12人：杨云鹏（十四中）等；

三等奖：刘铁夫（十四中，1986年获哈尔滨工业大学基础数学专业博士）等。

（上述哈尔滨市竞赛情况是根据刘铁夫等多位参赛学生的集体回忆整理而成。）

4. 哈尔滨市数学会各学科组的学术交流活动

从本文第一部分关于卢庆骏兼任黑龙江大学数学系主任和孙本旺兼任哈尔滨师范学院数学系教授的情况介绍可见,他们两位在这个时期所从事的数学学科的科研方向的重点是概率论、泛函分析与微分方程。

哈尔滨市数学会最早开展学术交流活动的学科是孙本旺副理事长领导的泛函分析讨论班。该讨论班于 1962 年 5 月 30 日星期日正式开始活动,由孙先生主讲,内容是

《算子代数》

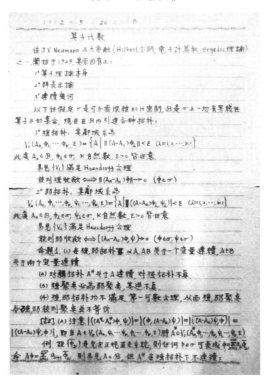

吴从炘听讲笔记首页

听众有黑龙江大学赵德惠,哈尔滨师范学院朱学志,东北农学院苗先秀,哈尔滨工业大学吴从炘等约10余人。通过孙先生连续3次深入浅出地讲解,听众们对这个从未听说,又较难懂的泛函分支多少有了一些初步的了解和认识。

接着大家建议由吴从炘介绍他在市数学会首届年会上所做的个人研究成果综述报告中关于完备空间与完备矩阵环的基础知识。与会者也都赞成今后大家有条件的应该准备做报告,更希望能有一个比较容易的研究方向,以便经过努力,研究可以起步。

不久,吴从炘对泛函讨论班产生一种"双轨制"的设想,认为应该把市数学会的泛函讨论班与哈尔滨工业大学的具体工作任务相结合。1962年秋,吴从炘的工作之一是指导数学教研室3名"小教师"在1963年秋完成数学毕业论文,这些"小教师"是1958—1960年期间从非数学类专业读完两年抽调到数学教研室工作的,他们随停办的计算数学专业仍在读的本科生已修毕数学主干课。吴从炘拟选"Orlicz空间"这样一个比较适合他们实际情况的方向作为选题并组织讨论班。其原因有三:

一是吴从炘在1959年之后又得到有关Orlicz空间的一些研究成果,并于1962年3月同样由哈尔滨工业大学铅印出版可以购买的单行本,四万三千字。题目为

《关于Orlicz度量的某些问题》

《关于 Orlicz 度量的某些问题》封面

二是开展 Orlicz 空间研究不需要很多方面的数学基础,只要求有较好的实变函数知识和最基本的 Banach 空间知识,而这些应为愿随吴从炘撰写毕业论文的"小教师"们所具备。

三是1958 年苏联 M. A. Красносельский 和 Я. Б. Рутицкий出版的国际上在 Orlicz 空间方面的第一本专著已被吴从炘于 1962 年春译成中文。书名为

《凸函数和奥尔里奇空间》

由科学出版社出版,讨论班成员共同学习一本好的且篇幅不大(该书正文只有 204 页)的专著无疑是讨论班开展学习和研究的最佳选择。如将此情况通知并欢迎其他高校教师参加,那该讨论班即可算作市数学会的一个泛函讨论班。市数学会还可以再组织一个泛函讨论班,由大家轮流报告

自己感兴趣且正在学习或研究的内容,拓宽知识面并通过相互讨论,促进沟通联系与深化,达到开展学术交流的目的。

孙本旺听取了吴从炘关于泛函讨论班的设想汇报后,表示支持和赞同。吴从炘又向孙先生提出建议:"您工作太忙,且科研任务主要是偏微分方程及其应用,泛函讨论班的活动就不必多参加了,我会经常向您汇报,听取您的意见和指导。"这样,吴从炘就成为市数学会与市科协学会部联系的一名不是秘书的"秘书"。

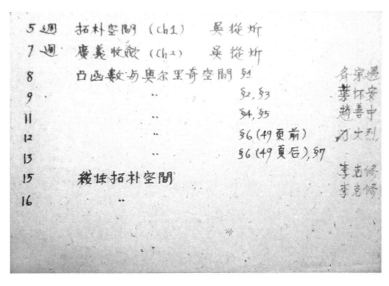

1962年秋哈尔滨工业大学泛函讨论班报告计划

从上述照片可见哈尔滨工业大学泛函讨论班的计划明确具体,其中最后报告人提前结束进修,未做报告。哈尔滨工业大学泛函讨论班一直坚持到1964年夏,取得了良好效果,参加者除本校教师外还有来自哈尔滨工人业余大学的陈俊澳,黑龙江工学院的王廷辅,以及农学院、林学院等多所高校的数学老师。

市数学会另一个泛函讨论班 1963 年春的日程表很有意思。前一部分由王廷辅执笔,后一部分则由吴从炘执笔,共 6 个报告,仅列出第一个和最后一个报告如下:

5 月 31 日全连续算子　王廷辅　上午 8:00 ~ 11:00

黑龙江大学前楼二楼数学系教研室

7 月 1 日 Урысон 算子　陈俊澳　下午 2:00 ~ 5:00

哈尔滨工业大学电机楼 30019

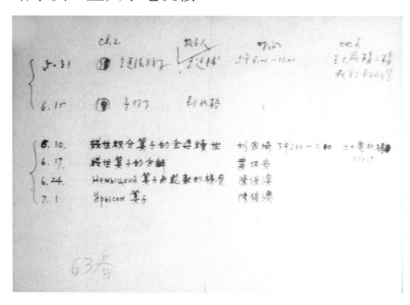

1963 年春市数学会泛函讨论班日程表

该日程表所列出的市数学会泛函讨论班的报告题目,除了有其普遍意义外,也与哈尔滨工业大学关于 М. А. Красносельский 和 Я. Б. Рутицкий 的专著学习研讨进度相配合。

由于该书的后面三分之一部分涉及线性积分算子，Урысон 算子和算子的全连续性，吴从炘专门为"小教师们"讲授苏联莫斯科大学校长彼德洛夫斯基著的《积分方程》共 5 次（讲稿保存至今）。

孙本旺教授在 1963—1964 年间还领导了哈尔滨市数学会的微分方程讨论班，并以微分方程稳定性为学习研究方向，东北农学院的徐中儒具体负责该讨论班的学习交流活动，他是市数学会又一位不是秘书的"秘书"。在孙先生

吴从炘与徐中儒(右)的合影

的指导下,讨论班采用许淞庆①编著,1962 年上海科技出版社出版的

《常微分方程稳定性理论》

作为基本内容,同时结合其他相关文献,围绕:(1)全局稳定性及 Ляпнов 函数法,(2)Ляпнов 函数的存在问题,(3)对部分变元的稳定性等 3 个主题展开综合讨论与研究。

据徐中儒回忆:市数学会微分方程讨论班活动的总次数在 15 次左右,其中孙先生讲两次,第一次和中间的某次,刘德铭(哈军工)讲 2~3 次,杨克邵(哈工大)讲 1~2 次,徐中儒讲 6~7 次,地点在市科协,参加人数最多时约 20人。孙先生报告的题目分别为

《微分方程稳定性综述》

与

《微分方程稳定性的几个问题》

徐中儒还提供了他保存的一份 1963 年 3 月 27 日至 7月 4 日的讨论班活动计划:

市数学会理事长卢庆骏 1962 年秋至 1963 年春组织领导了黑龙江大学数学系概率论小组并主讲关于

《平稳随机函数及相关文献》

的讨论班,由于黑龙江工学院朱迎善的加入,这个讨论班已经跨高校,当然也是市数学会概率论方向的讨论班。

---

① 许淞庆,广东东莞人,1913 年 8 月 16 日出生,1939 年毕业于中山大学数学天文系。20 世纪 50 年代末从苏联进修两年回国后,培养了这方面的一批研究生和专家。曾担任中山大学数学力学系主任,及中共广东省第四届委员会候补委员。1983 年 3 月 8 日病故。

讨论班活动计划首页

5. 哈尔滨市数学会的 1964 年年会

1963 年哈尔滨科技工作者有了自己的家——哈尔滨市科学宫,它位于道里区上游街 9 号,由原苏侨俱乐部改建而成,其内部设施齐全,有礼堂、若干小报告厅、餐厅等。市科协机关也从南岗区红军街迁到科学宫后面的一栋二层小楼。1964 年数学会年会就在哈尔滨市科学宫举行。

吴从炘与徐中儒两人的身份仅为市数学会不是秘书的"秘书"且无任何行政上的职务,根本不知道市数学会领导对 1964 年年会的各项决定与具体安排,没有这方面的任何资料留存,只能判定此次年会是在 1964 年 4 月召开。不过吴从炘、徐中儒二人分别对市数学会的泛函讨论班与微分方程讨论班的学术交流活动成果做了认真的总结,并组织整理年会的泛函分析组与微分方程组的学术报告及相应的油印或铅印的摘要或全文的文字材料。

通过市数学会组织的两种方式的泛函讨论班学术交流活动的开展,在高校学报及以上级别刊物能够发表论文的已大有人在。因此,1964 年年会的泛函分析组的成果报告的数量和质量都有显著提高,如:

王廷辅[①](黑龙江工学院):关于空间 $B(S)$ 和 $L_M^*(G)$ 的列聚性问题(有抽印本,刊登于《数学进展》,1966,9(3):287–290)。

任重道(哈尔滨师范学院):关于 Orlicz 空间的 5 个问题(刊登于《哈尔滨师范学院学报》,1963,(1):6–9)。

陈俊澳(哈尔滨市工人业余大学):关于满足 Δ_3 和 Δ^2 条件的 N 函数的几点注记(有油印稿)。

苗先秀(东北农学院):用变分方法解 Hammerstein 积分方程的近似程序的收敛性(有油印稿)。

吴从炘、赵善中、陈俊澳(前两人来自哈尔滨工业大学):关于 Orlicz 空间范数的计算公式与严格赋范的条件(有油印稿,刊登于《哈尔滨工业大学学报》,1978,(2):1–13,该计算公式后被国内外同行认为是 Orlicz 空间关于 Orlicz 范数的几何理论的基本结果)。

---

① 王廷辅(1933—2001),1953 年毕业于东北师范大学数学系,1963 年作为哈尔滨工业大学进修教师参加市数学会的 Orlicz 空间讨论班,20 世纪 80 年代后成为 Orlicz 空间研究的知名专家,在国内外发表论文 160 多篇。

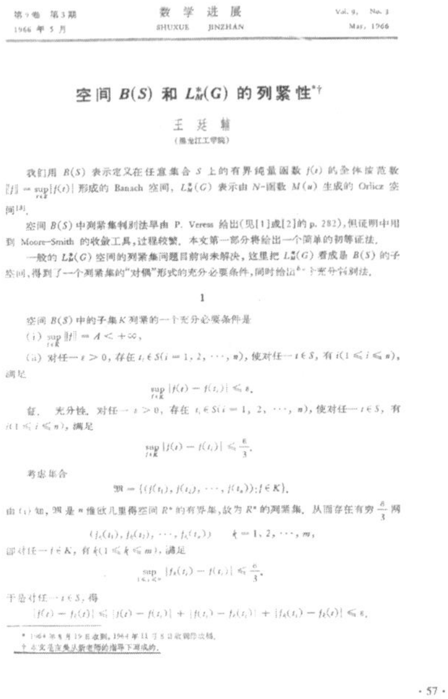

第9卷 第3期　　数 学 进 展　　Vol. 9, No. 3
1966 年 5 月　　SHUXUE JINZHAN　　May, 1966

空间 $B(S)$ 和 $L_M^*(G)$ 的列紧性*†

王 廷 辅
（黑龙江工学院）

我们用 $B(S)$ 表示定义在任意集合 S 上的有界纯量函数 $f(t)$ 的全体按范数 $\|f\| = \sup_{t\in S}|f(t)|$ 形成的 Banach 空间，$L_M^*(G)$ 表示由 N-函数 $M(u)$ 生成的 Orlicz 空间[3].

空间 $B(S)$ 中列紧集判别法早由 P. Veress 给出（见[1]或[2]的 p. 282），但证明中用到 Moore–Smith 的收敛工具，过程较繁．本文第一部分将给出一个简单的初等证法．

一般的 $L_M^*(G)$ 空间的列紧集问题目前尚未解决，这里把 $L_M^*(G)$ 看成是 $B(S)$ 的子空间，得到了一个列紧集的"对偶"形式的充分必要条件，同时给出一个充分判别法．

1

空间 $B(S)$ 中的子集 K 列紧的一个充分必要条件是

（i）$\sup_{f\in K}\|f\| = A < +\infty$，

（ii）对任一 $\varepsilon > 0$，存在 $t_i \in S(i = 1, 2, \cdots, n)$，使对任一 $t \in S$，有 $i(1 \leqslant i \leqslant n)$，满足

$$\sup_{f\in K}|f(t) - f(t_i)| \leqslant \varepsilon.$$

证．充分性．对任一 $\varepsilon > 0$，存在 $t_i \in S(i = 1, 2, \cdots, n)$，使对任一 $t \in S$，有 $i(1 \leqslant i \leqslant n)$，满足

$$\sup_{f\in K}|f(t) - f(t_i)| \leqslant \frac{\varepsilon}{3}.$$

考虑集合

$$\mathfrak{M} = \{(f(t_1), f(t_2), \cdots, f(t_n)); f \in K\}.$$

由（i）知，$\mathfrak{M}$ 是 n 维欧几里得空间 R^n 的有界集，故为 R^n 的列紧集．从而存在有穷 $\frac{\varepsilon}{3}$ 网

$$(f_k(t_1), f_k(t_2), \cdots, f_k(t_n)) \qquad k = 1, 2, \cdots, m,$$

即对任一 $f \in K$，有 $k(1 \leqslant k \leqslant m)$，满足

$$\sup_{1\leqslant i\leqslant n}|f_k(t_i) - f(t_i)| \leqslant \frac{\varepsilon}{3}.$$

于是对任一 $t \in S$，得

$$|f(t) - f_k(t)| \leqslant |f(t) - f(t_i)| + |f(t_i) - f_k(t_i)| + |f_k(t_i) - f_k(t)| \leqslant \varepsilon.$$

* 1964 年 8 月 19 日收到，1964 年 11 月 5 日收到修改稿．
† 本文是在吴从炘老师的指导下完成的．

王廷辅文抽印本首页（吴从炘收藏）

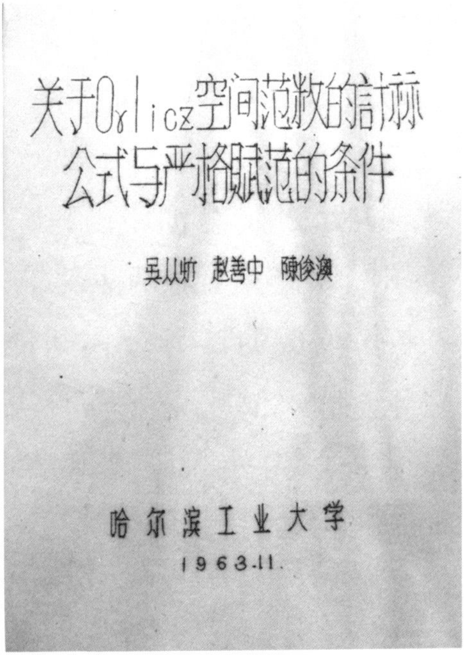

吴从炘、赵善中、陈俊澳论文油印封面

在 1964 年年会的微分方程组,徐中儒提交了他在 1962 至 1963 年期间完成的 4 篇论文:

《关于全局稳定性一个定理的推广》(1963 年 11 月 12 日)

《关于微分方程组的解对部分变元全局稳定性的必要充分条件》(1963 年 10 月 31 日)

《非线性常微分方程组解的全局稳定性》(1962 年 7 月 11 日)

《n 个微分方程组的解对部分变元全局稳定性的必要条件》(1963 年 10 月 31 日)

1964 年 4 月油印成集。

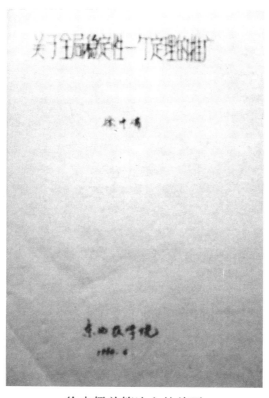

徐中儒首篇论文的首页

赵国钢（东北农学院）提交了 1962 年 12 月铅印长达 7 页的报告稿

《关于二阶非线性微分方程组的全局渐近稳定性》

此外，必须提到李火林（哈尔滨工业大学）在《数学进展》，1963，6（2）：187–190 所发表的论文

《关于分数阶积分与导数的性质》

这对哈尔滨那个年代的青年教师而言是很少见的。

关于分数阶积分与导数的性質*

李 火 林
（哈尔滨工业大学）

现将本文所用的预备知識叙述如下：

1° 假設 $f(x)$ 在 $[a, b]$ 上可积，当 $\beta > 0$，如果下列积分

$$f_\beta(x) = \frac{1}{(\beta-1)!} \int_{-a}^{x} f(t)(x-t)^{\beta-1} dt \quad (a \leqslant x \leqslant b)$$

存在，则称 $f_\beta(x)$ 为 $f(x)$ 的 β 阶积分. 如果 $f(x)$ 是周期为 2π 的函数，同时 $f(x)$ 在 $[0, 2\pi]$ 上的积分为零，这时 $f(x)$ 的 β 阶积分由下列公式给出

$$f_\beta(x) = \frac{1}{2\pi} \int_{-\pi}^{\pi} f(x-t)\Psi_\beta(t) dt,$$

其中

$$\Psi_\beta(t) = \sum_{\substack{k=-\infty \\ k \neq 0}}^{\infty} \frac{e^{ikt}}{(ik)^\beta}.$$

2° 称

$$f^r(x) = \frac{d}{dx} f_{1-r}(x) \quad (0 < r < 1)$$

为 $f(x)$ 的 r 阶导数，其中 $f_{1-r}(x)$ 为 $f(x)$ 的 $(1-r)$ 阶积分.

3° 对于在 $[a, b]$ 上有界的，且满足等式

$$\omega_k(f, t) = O(t^\alpha) \quad (0 < \alpha \leqslant k)$$

的函数 $f(x)$ 的全体，記为 $f(x) \in H_\alpha^k$.

对于在 $[a, b]$ 上 p 次可积的，且满足等式

$$\omega_k(f, t)_{L_p} = O(t^\alpha) \quad (0 < \alpha \leqslant k) \quad p \geqslant 1$$

的全体函数 $f(x)$，記为 $f(x) \in H_\alpha^k(L_p)$，

其中

$$\omega_k(f, t) = \sup_{|h| \leqslant t} |\Delta_h^k f(x)|, \quad x \in [a, b], \quad x + kh \in [a, b],$$

$$\omega_k(f, t)_{L_p} = \sup_{|h| \leqslant t} \left\{ \int_a^b |\Delta_h^k f(x)|^p dx \right\}^{\frac{1}{p}}, \quad p \geqslant 1,$$

$$\Delta_h^k f(x) = \sum_{v=0}^{k} (-1)^{k-v} \binom{k}{v} f(x+vh).$$

以上预备知識均可参看[1]或[2].

下面的討論均对周期为 2π 的函数而言. 将本文結果叙述如下：

定理 1. 若 $f(x) \in H_\alpha^k$（$0 < \alpha < k$），则

    I. $f_\beta(x) \in H_\alpha^{k+\beta}$，当 $0 < \alpha + \beta < k$.

    II. $f_\beta(x) \in H_{\alpha+\beta}^k$，当 $\alpha + \beta = k$.

---

* 1961 年 9 月 12 日收到；1962 年 3 月 18 日收到修正稿.

李火林文当年抽印本首页（吴从炘收藏）

还有 1963 年刘礼泉（黑龙江大学）在《吉林大学自然科学学报》刊登了论文:《关于"星象函数"》。

这后两篇文章都应该属于函数论组。

6.哈尔滨市数学会的代表出席中国数学会首届泛函分析学术会议

孙本旺（前排左四），关肇直（前排左六），江泽坚（前排左十三），
吴从炘（第三排右八），赵善中（中排右三），丁夏畦（中排左一）

江泽坚（吴从炘拍摄）

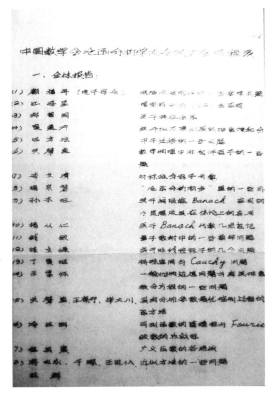

大会报告名单（吴从炘收藏）

中国数学会于 1964 年 8 月 5 日至 12 日在长春召开了首届泛函分析专业学术会议。出席会议的正式代表有 50 名。会议共收到论文 109 篇，宣读了 57 篇，其中大报告 17 篇，分组报告 40 篇：

各种无穷维空间理论组 15 篇，算子理论组 12 篇，非线性泛函与近似方法组 13 篇（详细目录见《数学进展》，1965，8（1）：105－107）。

孙本旺与吴从炘是这次会议的正式代表，王廷辅和赵善中列席会议。孙本旺做大会报告，题为

《关于有限维巴拿哈空间的几个定理及其在体论上的应用》

66

孙本旺报告的油印封面(吴从炘收藏)

吴从炘在第一分组做了两个报告

《完备空间上的矩阵算子代数》

和

《关于具有混合伪范数的 $L_\mu^p(X)$ 空间》(合作者赵善中)

这次会议报告次数最多的是北京大学钱敏,他有 1 个大报告和4 个分组报告。除做大报告的 17 位外,40 篇分组报告中第一作者只有 27 位。

会后吴从炘还应邀前往吉林大学听取夏道行关于"拓扑代数"的报告。

关于具有混合伪范数的 $L_{P_1, P_2, \cdots, P_n}$ 〔注二〕

$(0 < (P_1, P_2, \cdots, P_n) < 1)$ 空间

吴从炘， 赵善中

完备空间上的矩阵算子代数

吴从炘

哈尔滨工业大学
数学教研室
1964年8月

吴从炘报告的油印封面

在这次会议上吴从炘第一次见到了李文清先生,除感谢他多年来所给予的提携和帮助,特别是推荐在《厦门大学学报》(1961)No.3 发表吴从炘的文章《关于泛函数平均值的一点注记》外,还告诉他,自己曾认真研读过他的许多著作。

李先生还谈及和吴从炘在福州的长兄很熟,有时还下围棋。1979 年吴从炘与王廷辅曾专程前往李先生在厦门鼓浪屿的住所看望李先生,畅叙一切。那时鼓浪屿人烟稀少,十分幽静。

鼓浪屿荣获世界文化遗产后的 2017 年 11 月,吴从炘专门重游此岛前方知李先生已于年初以百岁高龄西去,令后人无限惋惜,哀人生之短暂。而岛上潮涌般的人群,处处都是长龙般的排队。往日的宁静,早已无影无踪,也不胜感慨。

李文清著《泛函分析》,科学出版社,1960 年,120 页吴从炘写的注记

厦门南普陀留影 79年

吴从炘、王廷辅(左)在南普陀寺(厦门大学正门右侧)的合影

7. 卢庆骏、孙本旺对哈尔滨工业大学数学学科发展的有力推动与扶持及对哈尔滨铁道学院数学教学的支持与帮助

1962 年市数学会理事长,哈军工教务部副部长卢庆骏大校听到具体负责、组织和安排哈尔滨市首届中学生数学竞赛的市教师进修学院王万祥邀请刚提升副教授的吴从炘为参赛学生做一次《如何学好数学》的报告,而吴从炘由于对中学数学不熟,心理负担很重时,就亲自约吴从炘到家面谈,为吴从炘疏解压力。他说:"中学数学不熟不要紧,不要紧张,不要怕。你讲什么都可以,你被破格提升,这个身份很特殊,你站在那里一讲,就会让中学生受到很大的鼓舞,会很受欢迎的,你放心准备吧!"卢先生亲切的话语开导了吴从炘,他认真做了准备,写了 6 页 5 000 余字的讲稿,这份手稿仍完好无损地保存至今。现在看这份手稿的内容对当

卢庆骏(左四)等航天部 7 位全国政协委员在福建视察。1983 年 11 月摄于漳州武夷山九溪。左起:屠守锷、谷广善、王文轩、卢庆骏、张复生(卢庆骏夫人)、张镰斧、钱孝虹

前参加数学竞赛的中学生并不适宜,但对于大学数学系本科生,乃至硕士生来讲应该还是有启迪作用的。

1981年卢庆骏担任国务院第一届数学学科博士专业点授予权评议组委员,任期内审批了第一、二批博士点。基于对哈尔滨工业大学数学研究的了解,作为评审委员积极支持1983年哈尔滨工业大学的第二批申报博士点。1986年哈尔滨工业大学第二次申报时,他虽然不是评审委员了,但他仍然惦记着哈尔滨工业大学的申报。接着他又运用他在数学界的影响力为帮助哈尔滨工业大学在1986年取得第三批唯一的基础数学专业博士点的授予权尽了一份力,这是多么可贵的精神!这一举措,无疑对黑龙江数学的发展乃至研究生教育产生不可估量的影响,时至今日,作为后辈人,仍无限感怀前辈高瞻远瞩、支持提携后辈的高风亮节。

吴从炘在卢庆骏旧居前留影

卢庆骏旧居(2018 年 7 月拍摄)

本小节包含"对哈尔滨铁道学院数学教学的支持与帮助"的字样,正是体现出哈军工急地方院校之所急,行地方院校之所需的当年军队要大力支援地方的精神写照,以及卢庆骏、孙本旺两位前辈的敬业与担当的一个鲜活例子。1958 年哈尔滨又成立了哈尔滨铁道学院(中华人民共和国成立后曾有过哈尔滨铁道学院,在吴从炘大学毕业分配到哈尔滨工业大学工作前就迁往大连),没有教基础课的老师。当时招了铁道机械与铁道建筑两个专业各 2 个班。哈尔滨工业大学派刚从吉林大学进修返校的吴从炘去兼铁道建筑班的"高等数学"课,每周 10 学时;哈军工也派了一位 1957 年毕业于吉林大学的王汇老师来讲授另一个专业的课。后来这所学校又并入大连铁道学院。

孙本旺教授在哈尔滨市数学会 1961 年年会上对吴从炘在序列空间与无穷矩阵环方面的研究成果的综述给予了

肯定,吴从炘由此受到市领导的接见,这也是他有生以来第一次得到著名专家在公开场合给予的积极评价,激动之心,难以言表。孙先生性格外向,学识渊博,更容易接近和交流,什么问题都可以谈,都可以请教。孙先生为了培养和锻炼吴从炘,让吴从炘负责组织市数学会泛函讨论班开展活动,孙先生特别赞同与支持吴从炘提议在哈尔滨工业大学组建一个成员与工作任务相一致的泛函讨论班并吸纳校外有志者参加,使之进一步成为市数学会之讨论班,同时建议该讨论班的内容宜从 Orlicz 空间入手。这样做容易得到相关领导的同意与配合,也便于显现成果,保证讨论班能长期坚持办下去。

关于如何准备向将在 1964 年于长春召开的全国首届泛函分析学术会议提交论文,吴从炘从孙先生那里获得许多指教与大力支持。吴从炘提出想做两个问题,一是拟结合孙先生在市数学会泛函讨论班讲的“算子代数”,将有关无穷矩阵环的原有研究拓展至无穷矩阵算子代数,进而考虑更广的拓扑代数;二是讨论 1961 年在 Duke Math. J. 刊登长达 24 页的“具有混合范数的 L^p 空间”,当 $0<P<1$ 时相应的“混合伪范数空间”。孙先生表示赞许与鼓励并提起“要注意应用”。经刻苦努力,吴从炘如期将油印共 90 页的 2 篇论文寄至长春会务组,做了分组报告。

孙先生为扶持提携年轻人,专门让市数学会印发“学术报告会入场券”。通知于 1964 年 9 月 20 日下午 1 时 30 分到哈尔滨工业大学电机楼 20021 室听取吴从炘介绍:“全国泛函会议情况简介"与"拓扑代数介绍"。这次报告会实际上也就是哈尔滨市数学会各项活动在"文化大革命"前之终结。

学术报告会入场券(吴从炘留存)

1982年中国系统工程学会年会于4月11日至15日在长沙召开,由国防科技大学7系承办。正在住院的时任国防科技大学副校长的孙本旺教授曾看望大家。参会的吴从炘又见到了孙先生,孙先生精神很好,依然健谈,当谈及病尚未确诊,吴从炘心中不免有些忧虑,然绝未想到与在"文化大革命"前哈尔滨市数学会活动中曾给予吴从炘诸多教导、鼓励、帮助和提携的敬爱的孙本旺先生的这次相见竟是诀别。每每思及,哀不自已。

从1962年卢庆骏不再过问哈尔滨市数学会的工作,孙本旺就独自挑起市数学会的担子,将学术交流活动开展得风生水起,有声有色。正如《孙传》所述:"在1956—1966年这10年间,⋯⋯,为黑龙江地区培养了大批数学人才和教

74

师做出了贡献。"(应该是重大贡献)孙本旺这种敬业与担当的精神,实至名归地是当年哈军工的特殊形式军爱民时代凯歌的主人公。

8. 哈军工还有一位既没有参加哈尔滨市数学会的活动,又没有在哈尔滨高等学校数学系兼职的著名数学家,他叫陈百屏

中华人民共和国成立后不久,于 1951 年 8 月 15 日至 20 日在北京召开的中国数学会第一次全国代表大会,陈百屏就是 78 位代表中的一位,系 10 名特约代表之一(见《史料》180 ~ 181 页)。

这次大会共有代表 78 人,实到 63 人(记"＊"者因事未到),干事会代表 14 人,占 18% 。

＊苏步青　＊余光烺　＊孙光远　单粹民　吴大任　李恩波
江泽涵　申又枨　傅种孙　段学复　关肇直　徐献瑜　吴文潞
＊刘景芳

分会代表 54 人,占 69.2% 。

特约代表 10 人,占 12.8% 。

萧文灿　杨卓新　李先正　＊陈百屏　＊李灏　王寿仁
王湘浩　马良　＊张克明　＊孙树本

以上 78 位代表中,大学及研究机关数学工作者 62 人,占 79.9% ;中学数学工作者 16 人,占 20.1% 。

陈百屏、卢庆骏、孙本旺三人共同出生于 1913 年,其出生月份依次为 4 月,3 月和 2 月,他们的传统又共同被《中国现代数学家传》(江苏教育出版社)所收入,其顺序则为孙本旺(第三卷 153～167 页),卢庆骏(第三卷 180～196页),陈百屏(第五卷 149～159 页),他们还共同担任过哈军工数学教授会主任,其前后任又为陈百屏首任,卢庆骏、孙本旺相继任之,这种"奇妙"的巧合,叹为观止。

为使哈尔滨市数学工作者对陈百屏教授多少有所了解。特从《陈百屏传》节选如下:

"陈百屏(1913—1993),1913 年 4 月 18 日生于安徽卢江县。1935 年,他以优异的成绩取得上海交通大学工学学士学位,接着他考入中央大学机械系特别研究班,研习航空工程,1937 年留校任教。不久他就从讲师破格晋升为副教授,1947 年,陈百屏赴美留学,1950 年 7 月,在布朗大学取得博士学位。回国后,陈百屏到大连工学院倡导并成立了应用数学系,他担任系主任,这是国内高校成立的第一个应用数学系。调入哈军工后,陈百屏先后担任过高等数学教授会、理论力学教研室和飞机结构与强度教研室主任。1970 年 5 月,哈军工空军工程系并入西北工业大学,陈百屏随同转入西北工业大学任教,一度担任基础部副部长,数学教研室主任,飞机系副主任。作为第一批博士生导师他培养了 8 位博士研究生。1961 年,陈百屏加入中国共产党,1964 年,他被选为第三届全国人民代表。"其早期主要论著有:

［1］Chen Baiping. Dyadic analysis of space rigid framework. Journal of Franklin Institute，1944（238）:325-334.

［2］Chen Baiping. Matrix analysis of pin-connected structres. Proceedings of ASCE,1947（73）:1475-1482.

［3］Chen Baiping. The equivalent loading method and the equivalent beam method. Quartely of Applied Mathematics，1949（7）:183-200.

［4］陈百屏.钉节构架的区格阵量分析.中国科学，1951（2）:133-147.

［5］陈百屏,等.多层排架的矩阵分析.土木工程学报，1954（1）:163-184.

［6］陈百屏.特殊运输问题的图解.力学学报，1958（2）:276-282.

至于《陈百屏传》的157-159页所附由汪浩执笔(吴克裘、汪浩、刘德铭回忆):

《陈百屏在哈军工数学教授会》

则作为本书的附录2。

"文化大革命"期间哈尔滨工业大学部分市数学会会员的数学活动与"文化大革命"后哈尔滨市数学会的活动(1977—1982年)

吴从炘　　包革军

一、"文化大革命"期间哈尔滨工业大学部分市数学会会员的数学活动

1965 年与 1970 年卢庆骏与孙本旺两位教授相继调离哈尔滨。虽然市数学会活动已经停止,然而"文化大革命"中,尤其在 1971 年清华大学、北京大学招收工农兵大学生之后哈尔滨市数学会的会员们并没有停止对数学,特别是应用数学的学习和研究,也曾以各种方式在刊物或铅印、油印的各种资料中发表许多文章。仅以哈尔滨工业大学数学教研室为例,曹斌、罗声政、赵善中等教师为了培养 1974 级数学专业工农兵学员而深入专业,与专业教师一起开展结合专业的应用研究,同时也不忽视对于数学本身的理论研究。曹斌与哈尔滨工业大学 1 系(精密仪器制造系)教师等共同制定出我国第一个小模数齿轮的国家标准,赵善中与

6系(电机系)教师合作对步进电机研究取得显著成绩,发表了许多论文。罗声政则完成了运筹学中最优分批问题的最终完整的解决,并以简报的形式刊登在《数学学报》1977年第3期。

前排左一为包革军;后排左二为罗声政,
后排右二为刘礼泉(照片由吴从炘提供)

罗声政的论文全文刊登于《哈尔滨工业大学学报》1977年第1~2期合刊。至于从数学教研室分配到哈尔滨工业大学各专业任教的教师的论文具有代表性之一的是吴从炘于1976年8月在《应用数学学报》创刊号刊登的论文《关于平面谐波传动与齿轮传动几个基本问题的数学处理》。

赵善中（穿西装者）参加吴从炘硕士生答辩会

曹斌夫妇与吴从炘合影　　　　　　　　创刊号目录

更使吴从炘振奋的是该研究成果得到国内谐波传动界的认可。1979年上半年"全国谐波传动会议"筹备组致函吴从炘，邀请吴从炘出席筹备会议并作为筹备组成员，吴从炘是筹备组内唯一不是学机械的。会上吴从炘说明自己已回到数学教研室,1978 年招收了 5 名研究生,教学与科研任务异常繁重,实在抽不出时间继续从事谐波传动数学理论的研究,取得了大家的理解。

第 1 期　　　应用数学学报　　　1976 年 8 月

关于平面谐波传动与齿轮传动
几个基本问题的数学处理

吴 从 炘
(哈尔滨工业大学)

平面谐波传动是从六十年代才开始发展的一种新型传动,它的基本元件为圆形的刚性齿轮,柔性齿轮与波发生器。当波发生器放在柔轮内时,就迫使柔轮发生变形,从而与刚轮齿有一部分相啮合了,而当波发生器在柔轮内旋转时,柔轮就发生了波形弹性变形,刚轮齿与柔轮齿的啮合区和脱离区也就相应随之不断变化,这样柔轮与刚轮齿间就产生了相对的位移运动,达到实现传动的要求。很自然的,把这种传动称为谐波传动。至于波发生器中最富有特点的一种叫积极控制式发生器,它的结构为按波形变形轨迹设计和制造的椭圆凸轮,再在其外套上薄壁变形柔轮,柔轮的原始形状为圆形。另外还不妨假定刚轮固定并且与柔轮内啮合。

谐波传动与其它各种类型传动相比,其主要特点为:

1. 结构简单。因为谐波传动装置主要由刚轮,柔轮与波发生器三大元件组成,故其零件数量少,重量轻,如和传动比相当的齿轮减速器比较可减少零件约一半,重量减到七分之一。

2. 承载能力高。由于啮合方式的改变,可以有 50% 的齿同时啮合,全部工作(承受载荷)的齿数占总齿数的 12.5% 左右,所以齿的应力相应地减少很多,与一般传动相比,它的负载能力大大增加。

3. 传动比范围广。采用各种不同结构的谐波传动,大致可在 $35\sim10^7$ 之间进行有级减速或增速。

4. 传动效率高。谐波传动的齿是依靠摩擦滑移而运动的,根据制造的光洁度与润滑条件,采取适当的结构其效率可达 0.69~96%。

因此,谐波传动对于节约原材料,减少电力消耗,缩短制造加工周期,提高使用效率和简化机械设备结构等方面都具有很大的实用意义。我国在多年前就已经试制成功了这种传动装置,实践也证明了它的一些基本特点是其它传动装置所难以比拟的,目前它在造船、机床、化工、轻纺、冶金乃至雷达诸方面都得到了广泛的应用[1]。

尽管齿轮传动的啮合问题(包括空间情形)的数学处理早就已有若干成果[2],近年来一些院校及有关单位的部分数学工作者结合生产实际在这方面又作了许多重要工作。然而谐波传动啮合问题的数学处理还没有讨论过,迄今为止,国内外皆从实验出发对刚轮和柔轮的齿廓均采用直线形(现在也有采用渐开线形的)。本文试图就谐波传动给出从柔轮齿廓求刚轮共轭齿廓的解析方法,这可能对更进一步探讨谐波传动的一般理论和实践会有所裨益。

吴从炘的论文首页

到了"文化大革命"后期,哈尔滨的厂矿企业也逐渐主动联系哈尔滨市高校数学教师,为解决生产和科研中的问题向他们寻求帮助。举一个吴从炘本人亲历的例子,1975年春天,在哈尔滨量具刃具厂光学分厂工作的一位于 1958年秋在哈尔滨工业大学机械系入学,并且在开课前听过吴从炘为考入哈尔滨工业大学的老工人补习中学的三角与代数的同学找到吴从炘,称有几篇光学自动设计的论文里面关于数学的内容太多,希望吴从炘能去光学分厂做几次讲座。吴从炘读了该校友带来的论文,归纳整理出所出现问题的数学模型并结合相应的数学基础知识和论文中的具体形式予以逐次介绍,听众感到很有帮助。

不仅如此,在"文化大革命"后期,吴从炘还花费较长时间到黑龙江省图书馆等处"秘密"开展对泛函分析发展现状的调查并恢复研究,如为1964年在全国泛函分析会议报告的《完备空间上的矩阵算子代数》一文中的定理2.1在理论和应用两方面经全面拓展后投稿,《数学学报》于1976年5月6日收到,并刊登于1978年第二期161～170页,题为《完备矩阵代数Ⅰ——乘法连续性问题》。

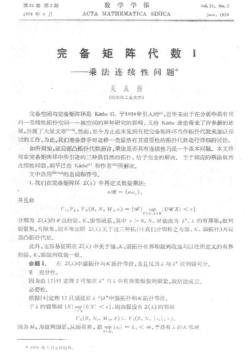

《完备矩阵代数Ⅰ——乘法连续性问题》首页

"文化大革命"期间,国际数学界发生了一件大事,这就是模糊数学理论与应用的诞生和发展。1974 年法国在北京举办工业展览会之际,法国著名模糊数学及应用专家 Koufmann 访华,国内陆续有人开展对模糊数学及其应用的研究与介绍,关肇直[①]教授更是最有力的倡导者和推动者。1977 年冬,吴从炘在黑龙江省科协组织的一次有关基础研究的会议上见到一份简报中有关肇直先生的提议:"控制论专家 L. A. Zadeh 1965 年引进的模糊数学很值得研究。"吴从炘极感兴趣,不久便随曾同在机械系教高等数学,当时已回归原专业的方某等组织的管理学院访京团,到中科院图书馆查找、收集、复印模糊数学方面的资料。1978 年春季学期,吴从炘自带行李,免费借住北京航空学院一间暂无人住的学生宿舍,前往数学所参加控制论讨论班,并在关肇直先生的指导下进修模糊泛函分析,赶上了我国研究模糊数学的头班车。其实吴从炘在职称评定和 Köthe 序列空间研究等方面曾得到关肇直先生的诸多帮助和提携。

---

① 关肇直(1919—1982),生于广东南海,1941 年毕业于燕京大学,1947 年 3 月加入中国共产党,同年底赴法国留学,在巴黎 Poincaré 研究所研究数学,同时担任中共旅法总支委员。中华人民共和国成立之际他毅然放弃取得博士学位的机会,返回祖国后受组织委派来到中国科学院投入到初期的建院工作,任中国科学院党组成员。他历任数学研究所研究员,副所长,代理党委书记;系统科学研究所所长,党委副书记;中国数学会秘书长;中国自动化学会副理事长;中国系统工程学会理事长。他重视数学基本理论的研究,也大力倡导发展应用数学的研究。他密切关注国际数学研究的新动向,对研究人员工作的评价坚持"多途径,多标准"的原则。他在纯数学方面的造诣也相当深,知识相当渊博,尤其在泛函分析研究中做出了很好的贡献。他对应用数学也深有研究,在数学物理、现代控制理论等许多方面都取得了很好的成就。1982 年他与宋健获国家自然科学奖,1981 年当选中国科学院数学学部委员(节选自 1982 年 11 月 23 日在北京科学会堂召开的"关肇直同志纪念会"上中科院院长卢嘉锡的发言)。

纪念会专辑封面(吴从炘保存)

关肇直做报告

二、"文化大革命"后哈尔滨市数学会的活动（1977—1982 年）

1977 年哈尔滨市科学宫通知哈尔滨工业大学数学教研室，请吴从炘、林畛于 5 月 20 日下午 1 时到哈尔滨市科学技术交流馆（道里区上游街 9 号）参加市数学会理事会（该函注：吴从炘必须出席）。这标志着哈尔滨市数学会活动在中断 12 年后重新开始恢复。没有随哈军工迁长沙而留在哈尔滨船舶工程学院（现称哈尔滨工程大学）的戴遗山在"文化大革命"前曾在卢庆骏、孙本旺的带领下对市数学会的各项活动和黑龙江大学、哈尔滨师范学院数学系的建设与发展都做过不少工作，他早在 1952 年上海交通大学数学系毕业后到北京大学攻读研究生期间就曾参加 1953 年 9 月 4 日中国数学会于北京召开的学术讨论会，做了《解微分方程的保角映像法》的报告（见《史料》第 199 页），研究生未毕业，即调至哈军工工作。为传承发扬卢庆骏、孙本旺的敬业与担当精神，戴遗山顺理成章地担负起哈尔滨市数学会负责人的职责，吴从炘协助之。

1978 年 5 月 30 日哈尔滨市数学会（盖哈尔滨市科协筹备办公室章）通知吴从炘："定于 6 月 6 日上午 8 时在哈尔滨科学宫（上游街 9 号）召开会议，讨论开展数学竞赛的有关问题，……。"9 月 19 日又正式盖哈尔滨市科协章发文："……，根据市委指示，定于 9 月 23 日上午 8 时在哈尔滨科学宫召开机械工程、电子等 10 个学会理事会（扩大）会议，讨论研究恢复学会,……。通知你单位吴从炘按时参加数学会理事会。"吴从炘保存着这三份从同一地点盖不同的章发出的通知,下面是1977年那份通知原件的照片。

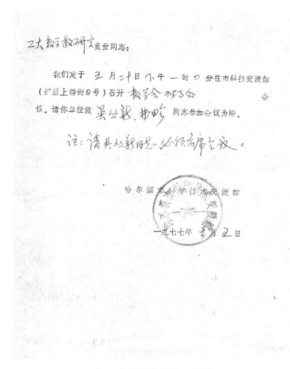

1977年那份通知原件

1978年为了搞好哈尔滨市第二届中学生数学竞赛活动,市里建立了数学竞赛委员会,市科委副主任唐忠恕任数学竞赛委员会主任,哈尔滨船舶工程学院戴遗山教授、市教育局和共青团市委的有关负责同志任数学竞赛委员会副主任。竞赛于10月15日在第十八中学举行,考试前,市委副书记姚学融、省科协副主席龙飞虹和有关部门的负责同志接见了经区预赛选拔出来的309名数学竞赛选手(节录自吴从炘保存的《哈尔滨日报》10月16日头版的报道)。市第二届中学生数学竞赛 10 月 29 日在市少年宫揭晓,并举行颁奖大会。师院附中(今哈师大附中)王鸣强、一中赵东滨、十七中向成涛、师院附中黄爱平、三十五中陈锋获一等奖,曹鹏飚等 10 名同学获二等奖,杨建场等 31 名同学获三等奖。大会向这些优胜者颁发了奖状、纪念章和奖品。市文教办、市教育局、市科协、共青团市委的负责同志,市数学竞赛委员会的委员,哈尔滨工业大学教授吴从炘,哈尔滨师范学院副教授周汝奇,黑龙江大学讲师颜秉海,各中学的领导和部分数学教师,获一等奖的学生家长,市第一届数学竞赛第一名、现哈尔滨工业大学数学教研室教师宋朝凤等900多人参加了颁奖大会。吴从炘教授做了这次数学竞赛总结(节录自《哈尔滨日报》10 月 30 日头版的报道)。这两篇报道均由市教育学院王翠满撰稿。

市第二届中学生数学竞赛揭晓

87

命题组到考场巡视,颜秉海(右三),王万祥(右一)

戴遗山对这次竞赛的全过程进行了具体指导、参与和决策。

1978 年,除了举办第二届中学生数学竞赛,哈尔滨市数学会还经历了两件大事。一是哈尔滨市数学会的戴遗山教授、吴从炘教授、刘礼泉副教授、周汝奇副教授、王廷辅副教授和大庆石油学院的曾慕蠡教授等作为黑龙江省代表出席 11 月 20 日至 11 月 30 日在四川成都召开的"中国数学会第三届全国代表大会"。

原哈军工的卢庆骏、孙本旺、汪浩和戴遗山、吴从炘当选为中国数学会第三届理事会理事。(关于"中国数学会第三届全国代表大会"的详细情况见《史料》第 267 ~ 274 页,第三届理事会于 1979 年 3 月 5 日至 3 月 10 日在杭州举行,卢庆骏、孙本旺、汪浩、吴从炘出席会议,戴遗山因故没有到会,见《史料》第 275 ~ 281 页。)

中国数学理事会会议合影

卢庆骏（一排右二）,孙本旺（四排左四）,吴从炘（四排左八）,汪浩（四排左十）

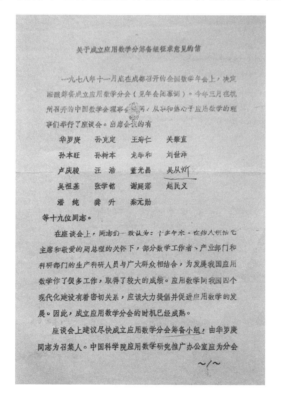

理事会期间召开的应用数学座谈会名单

孙本旺（第5人）,卢庆骏（第9人）,汪浩（第10人）,吴从炘（第12人）

二是随后在 12 月 15 日至 16 日,哈尔滨市数学会理事会进行了换届。会议在哈尔滨市科学宫举行,戴遗山做学会工作报告,吴从炘传达中国数学会第三届全国代表大会情况。会议有 4 个大会报告:模糊数学(吴从炘),控制论(韩志刚),优选法(罗声政),有限元法(孙学思)。

另有分组报告,共分 4 个小组:分析组,代数、几何组,应用、计算数学组,中专组。

会议选举了新一届理事会,理事 28 人,戴遗山为理事长,吴从炘为副理事长,副理事长周汝奇致开幕词和闭幕词。会议还通过了 1979 年学会工作计划(草案)。

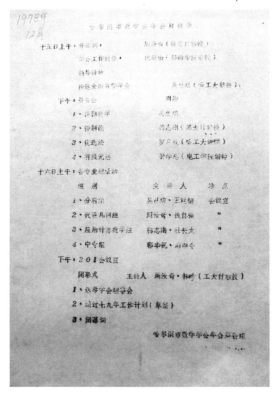

1978 年换届年会日程表

1982 年,按规定市数学会进行理事换届,戴遗山表示:"其主要研究方向为船舶流体力学,今后不再参与市数学会工作。"市数学会尊重戴遗山本人意愿,选举出由 40 人组成的新一届理事会,吴从炘当选为理事长。由于 1980 年黑龙江省数学会成立,吴从炘当选理事长,为集中精力担负省数学会工作,吴从炘后来也就不再承担市数学会的工作了。

哈尔滨市数学会理事候选人名单(1982 年)

　　注　从 1982 年哈尔滨市数学会的理事会名单可知,其中有 6 位中学老师,另有 4 位来自市教育学院,共占理事总数的四分之一;又从《史料》第 169～178 页所列举的中国数学会在北京等 11 个城市分会的理事会名单可见除南京分会外均有一定数量的中学老师。因此,1956 年哈尔滨市数学会首届理事会也应该有来自中学的理事。出于本文作者未能搜集到相关资料,也未能联系到对此有清晰记忆之长者的缘故,本文无法提及,致以歉意。

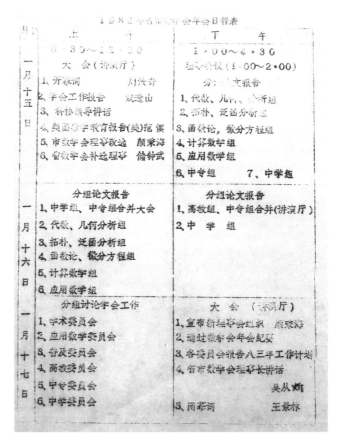

哈尔滨市数学会年会日程(1982 年)

吴从炘与汪浩

吴从炘

引子 吴从炘是在什么场合首次看见汪浩本人的

自从周联洁调入哈尔滨工业大学数学教研室,由于其爱人吴国平老师在哈军工数学教研室任教,所以在周老师与大家的交流中,教研室的同事们知道汪浩是哈军工数学教研室的政工负责人,又称协理员,同时在业务上又与戴遗山同为教研室的青年才俊,少校军衔,副教授。汪浩似不曾前往哈尔滨师范学院或黑龙江大学讲过课或者做过学术报告,也未曾参与哈尔滨市数学会的活动。吴从炘看见汪浩是在一个极偶然的场合和极偶然的机会。吴从炘爱看体育比赛,曾冒着冬季严寒前往室外体育场站立观看中国与捷克的冰球比赛,为避免脚被冻伤就必须不断跺脚,才能坚持看完整个比赛。至于在哈尔滨工业大学校内举行的友谊赛,只要能腾出时间,他总会到场观看。由于工作学习紧张,实际能够去看的机会并不多。有一次恰好有空,他去看哈军工与哈尔滨工业大学的乒乓球对抗赛。双方各出 5人,哈军工就有汪浩出场,其对手是哈尔滨工业大学某位姓王的学生,该生曾在假期通过其伯父——北京市副市长的介绍,得到国家队著名教练傅其芳的调教。两人出场练习时,这位同学身手不凡,姿势优美,无奈只学到一些皮毛,真打起来就落了下风,直摇头,好像输得很惨,但并不服气。汪浩果真名不虚传,德、智、体全面发展,令人叹服。

1. 汪浩在中国模糊数学与模糊系统学会的艰难时刻给予学会全力支持

1978 年全国数学年会期间,关肇直、蒲保明、李国平教授召开了模糊数学座谈会,提出成立模糊数学分会的问题。但当时中国的模糊数学是在"文化大革命"后期由关肇直和蒲保明首先倡导开展研究,并不为(经典)数学界所了解,所认识,更谈不上认可。然而,华中工学院(今华中科技大学)朱九思院长十分重视模糊数学在中国的发展并给予大力支持。他积极筹办《模糊数学》杂志,在编辑人员和资金等方面都做了妥善安排。刊物于 1981 年正式出版发行,为季刊,当年印出了 4 期。另一方面,1980 年末在中科院系统科学研究所成立了以关肇直为理事长,李国平、许国志为副理事长的中国系统工程学会(一级学会)。

1981 年 4 月,在《模糊数学》首届编委会上,主编蒲保明等 14 人又共同磋商了分会的筹建。由于事前已经得到中国系统工程学会领导的热情支持,4 月 3 日系统工程学会学术委员会发来委托书,委托蒲保明教授负责筹组分会,并建议分会挂靠在四川大学。随即上报待审批的模糊数学与模糊系统分会的理事名单和理事长名单,最后有副理事长、秘书长和副秘书长等人选。

1983 年 1 月 7 日至 12 日,中国系统工程学会模糊数学与模糊系统学会在武汉召开了成立大会暨首届年会,理事长蒲保明致开幕词并报告了学会成立过程,副理事长兼秘书长刘应明致闭幕词。

几年后,华中工学院提出拟将《模糊数学》于 1988 年更名为《应用数学》,要求模糊数学与模糊系统学会 1987 年同时另行出版相应刊物,以便妥善处理相关稿件。

根据当时实际情况,模糊数学与模糊系统学会根本无力承办会刊。因此,"1985 年 5 月,学会在大庸(即现在张家界市)召开学会规划会议,会议期间学会理事会考虑到国防科学技术大学在模糊数学的理论和应用方面有长期的研究基础,提出了由国防科学技术大学担任学会支持单位和承办会刊的建议。1985 年 10 月,学会在贵阳召开理事会,再次重申了此项建议。"

在国防科学技术大学汪浩政委(任期为 1983 年 12 月至 1990 年 6 月)的全力支持下,国防科学技术大学成立了学会会刊筹办组,并于 1986 年 12 月 4 日向学会有关负责人(包括吴从炘)发出情况通报,下附吴从炘收藏该通报原件的照片。

关于国防科大担任"模糊系统与模糊数学"
学会支持单位并承办学会会刊的情况通报

1985年5月,学会在大庸召开学科规划会议,会议期间,学会理事会致虑到国防科大在模糊数学的理论和应用研究方面有长期的工作基础,提出了由国防科大担任学会支持单位和承办会刊的建议,1985年10月,学会在贵阳召开学会理事会,再次重申了此项建议。

大庸、贵阳会议以后,在校、系有关首长的关怀与直接领导下,国防科大成立了有四、六、七系组成的会刊筹办组,曾四次召开有关同志会议,与会同志认为我校担任学会支持单位和承办会刊有利于□□开展学术交流、促进学科发展,并对有关事宜取得了一致意见,在征得校、系有关首长的同意后,将有关情况通报如下:

(1)国防科大同意担任学会支持单位并承办会刊,目前主要由四、六、七系承担;

(2)办刊经费由校系共同集资,并尽力争取国内有关单位资助;

(3)会刊及支持单位的具体工作以七系为主办理,有关的系协助;

(4)立即着手解决办刊具体事宜:

(a)由学会理事会召集有关会议,提出编委会成员名单,制定办刊规章制度;

(b)国防科大成立会刊编辑部,暂由四系一人,六系一人,七系二人组成;

(c)向湖南省申请办理报刊注册登记。

国防科大 学会会刊筹办组
1986.12.4.

关于国防科学技术大学担任模糊系统与

模糊数学学会支持单位并承办会刊的情况通报

1987 年学会会刊

《模糊系统与数学》

如期出版,为半年刊,后附其编委会成员的名单。

《模糊系统与数学》编委会名单

　　这里副主编沙钰是承办单位国防科学技术大学系统工程与数学系（即 7 系）主任；副主编郭桂蓉 1990 年 6 月至 1994 年 2 月任国防科学技术大学副校长，1994 年 2 月至 1996 年 7 月任校长；常务编委王华兴是国防科学技术大学 7 系副教授，担任学会秘书长兼管学会会刊工作。

　　由于吴从炘指导的 1990 年前入学的博士生除一人外都是泛函分析方向，吴从炘压力很大，造成他缺席"大庸""贵阳"等许多学会的会议。而那位做模糊数学方面，1989 年底答辩的博士马明的论文题目也与泛函密切相关，但还是让马明参加了 1988 年 10 月在昆明召开的学会大会，长长见识,他为这次会议写了报道,刊于会刊1988年第2期第76页,内有"王华兴秘书长致开幕词"。

最后排右数第八人为王华兴

右数第三人为王华兴

至于前面引用会刊筹办组1986年通报中关于"国防科学技术大学在模糊数学的理论和应用方面有长期的研究基础",至少应该将"基础"两字改为"成果丰硕"才符合实际。吴从炘为弥补多次缺会之过失,亲自查看梳理了会刊的有关情况,对此稍做说明。郭桂蓉将允许公开发表的部分研究成果总结成两部专著《模糊模式识别》《信息处理中的模糊技术》，于 1993 年在国防科学技术大学出版社出版。1995 年郭桂蓉当选中国工程院院士。汪浩在极其繁忙的岗位上不仅在数学的很多领域有大量著述，还亲自关注模糊数学的理论发展与应用。1988 年 9 月，他邀请美国的 J. J. Buckley访问国防科学技术大学，进行交流与讲学（见会刊 1988 年第 2 期 82 页）；在会刊（1998 年第 1 期 76～87 页）刊登了《模糊神经网络理论研究综述》（作者刘普寅，张汉江，吴孟达，成礼智，汪浩），该文的文献［13］～［19］是 J. J. Buckley等于 1992 至 1994 年间有关模糊神经网络的论文，还包括一篇提交的手稿；接着在《中国科学》E 辑（1999 年第 42 卷 54 至 60 页）发表《正则模糊神经网络对于连续模糊函数的近似模糊能力的研究》（作者刘普寅，汪浩）。

注1 首期会刊（1987 年第 1 期）的编委会名单中的副主编沙钰换成沙基昌，是在 1994 年第 1 期会刊的 27 页《关于本刊编委会成员的变更启事》中指出："经本刊主管单位提议并经学会负责人同意，聘请国防科学技术大学系统工程与数学系主任沙基昌教授为本刊副主编，免去沙钰教授的副主编职务。"另在该期会刊封底的本刊启事中指出："从 1995 年起本刊改为季刊。"

注2 吴从炘与汪浩的首次直接见面是在 1979 年 3 月 5 日至 10 日在杭州召开的中国数学会第三届理事会的第一次会议上。国防科学技术大学的孙本旺与汪浩，原哈军工的卢庆骏与戴遗山以及吴从炘均为理事，但戴遗山未到会。

下附吴从炘收藏的杭州会议期间的理事分组名单的油印件照片。

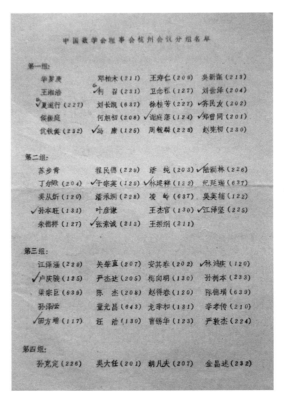

杭州会议分组名单

2. 汪浩主张并支持将模糊数学与模糊系统学会的支持单位从国防科学技术大学改为四川大学

汪浩很清楚 1987 年将国防科学技术大学作为学会的支持单位实属无奈,乃权宜之举。因为非军事方面的学会挂靠在军事院校,仅从开展与国际模糊系统协会(IFSA)学术交流这一点就有诸多不便。到了 1995 年情况发生了变化,刘应明当选为中国科学院院士,标志着模糊数学已被国内数学界认同,他又陆续担任学校、四川省以至国家层面的许多职务,四川大学已经完全有条件成为该学会的支持单位,将学会办得有声有色,取得 IFSA 及其官方刊物 *Fuzzy Sets and Systems* 更多的话语权。按照本学会换届程序,1998 年当选的第五届理事会才能正式实现支持单位的变更和交换。在此之前,仍由 1994 年产生的第四届理事会秘书长王华兴负责具体工作。

另一方面,吴从炘于 1992 年接受了刘应明关于将博士生的研究方向向模糊数学倾斜,使学生们可以有更广阔的学术空间的建议,在 1993 至 1997 年的 5 年间就招了 10 名模糊数学方向的博士生。这样一来,吴从炘大大提高了参与学会活动的积极性。从 1994 年起直至 2016 年 8 月 3 日至 7 日在长春举行的学会大会,他从未缺席,包括 2003 年 1 月 18 日至 20 日在长沙召开,由国防科学技术大学理学院和湖南大学数学与计量经济学院共同承办的学会常务理事会,以及 2007 年 5 月 17 日至 21 日由国防科学技术大学在长沙举办的本学会常务理事会暨会刊《模糊系统与数学》创办 20 周年的庆典活动也均参加。

国防科学技术大学继续承担着出版学会会刊《模糊系统与数学》这一最艰巨的任务并且越办越好,为中国系统工程学会模糊数学与模糊系统委员会做出了杰出、不可估量的贡献。

1998 年开始,国防科学技术大学的吴孟达接替王华兴,负责会刊编辑部工作。1999 年会刊成为美国《数学评论》(*Mathematical Reviews*)的核心引用期刊。2000 年,随着国防科学技术大学校内机构调整,会刊的主办单位变成理学院数学与系统科学系,理学院院长(1999 年 6 月至 2002 年 7 月)曾淳任刊物的副主编。2001 年 9 月 14 日至 16 日,中国系统工程学会模糊数学与模糊系统委员会在江西南昌召开了五届三次常务理事会。会议同意汪浩教授因年事已高而辞去会刊《模糊系统与数学》杂志主编职务,与会常务理事向多年来汪浩教授为办好会刊精心组织,努力工作,做出了突出的贡献表示衷心感谢,并致以崇高的敬意(见会刊 2001 年第 4 期 109 页本次常务理事会纪要)。2002 年汪浩不再担任主编,改任顾问,刘应明为主编。

一排右数第五人为汪浩,第六人为刘应明

3. 吴从炘与汪浩的零距离接触

1991 年 4 月,模糊数学与模糊系统学会在宁波召开常务理事会,由国防科学技术大学承办,开会地点在甬港饭店。吴从炘从上海乘早6点出发的慢车,可以不必中转直达宁波,自以为一定能够赶上19时会议接站的末班车,结果该列车正点到达竟然需要16个小时,这时除了载人摩托已别无选择。途中曾有一段路颇荒凉,顿时他精神紧张起来,幸好不久即到达目的地。很荣幸,会议安排与汪浩同住一室,有了一次与汪将军零距离接触的机会。吴从炘还问了一个相当敏感的问题:"按理说,国防科学技术大学政委应该是中将,为什么只授你少将?"他非常痛快地回答:"头一次恢复授军衔(指1988年)要求很严格,差一点都不行,我各方面条件都符合,就是军龄不够。"他给人以真诚、友善又有风度的印象与好感。会后汪将军还和与会者一起坐船渡海去普陀山游览。在渡轮上,某教授显现出具有特异功能,引起船上其他乘客的极大兴趣,纷纷围观,身穿便服的汪将军也参与了进来,不时点头微笑但不言语,其乐融融。整个会议的前前后后,汪将军完全把自己当成普通的一员,令人难忘。

近来,吴从炘才知道那时汪浩刚卸任政委,方能抽空与大家同行,也才知道汪浩后来晋升了中将。

吴从炘与周联洁、吴国平

吴从炘

吴从炘曾去过哈军工三位数学老师的家。第一位是卢庆骏教授，家住在由解放军战士警卫的二道门内将军楼。第二位是孙本旺教授，住在哈军工大门内右侧63号楼一楼。第三位是吴国平，他的家在哈军工校园过左侧马路对面的一片哈军工教师住宅中的某楼之内，楼不大，居住条件与环境好像比当年在哈尔滨工业大学工作的同年代教师稍好。吴国平夫妇皆于1953年毕业于四川大学数学系，由于周联洁长期担任哈尔滨工业大学数学教研室党支部书记或者副书记，她为人平和，吴从炘多次去过她家，记得有一次还是和同教研室的曹志为（1956年毕业于四川大学）一起去的。吴国平对人客气、友善，他送给吴从炘一本哈军工1958年高等数学教授会编的铅印老讲义《数理统计》，这本讲义已保存了半个多世纪。

1987年10月，吴从炘作为全国高等工业学校应用数学专业教材委员会委员出席了在长沙由湖南大学数学系承办的该委员会的第三次会议。这次会议的一项重要内容是对

数 理 统 计

高等数学教授会编

※

中国人民解放军军事工程学院出版

军事工程学院印刷厂印刷

0010594

※

787×1092 1/25. 8⁴/₅ 印张.176,204字

1958年8月第一版. 印数1—1,536册

《数理统计》扉页

《数理统计》目录

向全国投标的《应用泛函分析》教材的责任委员方爱农（湖南大学）事前组织的评审小组所提出的建议"将天津大学熊洪允等编写的教材《勒贝格积分与泛函分析基础》推荐由高等教育出版社出版"付诸表决。投票结果为委员会同意该评审小组的建议，责成吴从炘在出版前对熊洪允等的最终修改稿进行认真的审阅，向高等教育出版社写出正式审查意见（有关情况参看2014年5月高等教育出版社出版的《应用数学专业35年回顾与思考》一书的48页）。

《应用数学专业35年回顾与思考》的封面

吴从炘在与之直接相关的会议内容讨论结束后,即去看望周联洁。她住的是平房,面积并不大,摆设极简朴。吴国平也在家,稍事寒暄后,他说:"按规定要给他配2~3(吴从炘已记不清了)位勤务员,甚至早晨起床时连刷牙水都会端上,这怎么能行,能退都退回去了",接着他又说,"我还有事,你们慢慢聊。"吴将军的确给人严以律己、亲近民众之感。他在1985年3月至1991年6月期间担任国防科学技术大学训练部部长,率先垂范,无愧本职。吴从炘和周联洁谈了许多往事与哈尔滨工业大学老熟人近况,彼此都很高兴。

2003年10月18日至20日中国系统工程学会模糊数学与模糊系统专业委员会在长沙召开第6届第二次常务委员会议,由国防科学技术大学理学院和湖南大学数学与计量经济学院联合承办。吴从炘作为第6届委员会的名誉主任委员参加了会议。从国防科学技术大学理学院方面吴从炘得知吴国平将军已于1997年10月21日不幸离世。周联洁刚从女儿家回来,吴从炘遂即前往探望周联洁表示慰问。屋如往昔,故人已逝。周联洁不胜哀伤,吴从炘感同身受,一再叮咛,千万要节哀保重,为了儿孙们,务必要健健康康、快快乐乐地生活。末了,互道珍重作别。

吴从炘与周联洁合影（摄于周家后院）

吴从炘与戴遗山

吴从炘

在吴从炘、包革军的《"文化大革命"期间哈尔滨工业大学部分市数学会会员的数学活动与"文化大革命"后哈尔滨市数学会的活动(1977—1982)》一文中的后一部分提到:"文化大革命"后,吴从炘一直在协助戴遗山开展哈尔滨市数学会的各项工作,其中包含 1978 年 12 月 15 日至 16 日哈尔滨市数学会进行了理事会"文化大革命"后的换届,戴遗山担任理事长,吴从炘为副理事长,以及 1982 年按规定,市数学会再次举行理事会换届改选,戴遗山表示"其主要研究方向为船舶流体力学,今后不再参与市数学会工作"等内容。

为使黑龙江省广大数学工作者了解戴遗山对船舶流体力学所做出的重大贡献,在此略做介绍:

1970 年哈军工迁移长沙,仅 3 系(即海军工程系)留在哈尔滨,改称哈尔滨船舶工程学院(即现在的哈尔滨工程大学),相配套地也留下了戴遗山等几位数学教师。戴遗山即与顾懋祥院士等一起最早开展船舶适航性理论研究和数值预报,完成的船舶适航性工作获1978年全国科学大会奖,戴遗山也成为黑龙江省人民政府特批的5位教授之一(哈尔滨工业大学是陈定华,哈尔滨医科大学、黑龙江大学、哈尔滨师范大学各1人),省内"文化大革命"后评定教师职称自此开始。1981年戴遗山又成为我国首批船舶与海洋工程流体力学专业的博士生导师,培养出哈尔滨船舶工程学院第一位博士学位获得者和我国首批百篇优秀博士论文奖获得者。戴遗山曾任中国船舶总公司船舶力学专业组副组长,中国造船工程学会耐波性学组副组长,《水动力学研究与进展》编委。他的专著《舰船在波浪中运动的频域与时域势流理论》在水动力学界影响深远。

不幸的是2010年9月20日晨,哈尔滨工程大学终身荣誉教授戴遗山因病逝世,享年78岁。

戴遗山长期担任黑龙江省高校数学高级职称评审组组长。吴从炘曾经是1980年、1982年的数学评审组成员,1985年哈尔滨工业大学得到高级职称的自主评定权,省里就不再聘请吴从炘为数学高级职称评审组委员。过了很多年,吴从炘又被聘请了一次。由于戴遗山主持评审组有自己的风格,在这里介绍情况比较特殊的1982年那一次,戴遗山是怎样领导数学学科进行评审的。

吴从炘参加 1980 年高校高级职称评审聘书原件：

1980 年 3 月 2 日省文教办发给吴从炘

1982 年黑龙江省高校教师提职数学与软件评审组名单,共 7 人,组长戴遗山。

这一年 9 月,黑龙江省高校高级职称评审共分中医、中药;机械、原理零件;焊接、铸造;专业机械、锻压;自动控制、仪表、计算机;农学、林学、生物、牧医;基础医学;电机、电器、无线电、电工;数学、软件;马列、经济;力学、土木;物理;文学;化学、化工;历史、地理;外语;音乐、体育、艺术等 17 个组。其中 4 个组无教授,6 个组只有组长是教授,仅 3 个组中的教授多于 2 人,整个评审专家中副教授占 75% 以上,有的副教授既是评审委员同时又是教授的被评审者。这样在评审教授时就不得不并组进行。

数学与计算机软件评审组 7 人中,有 4 人科研工作相对较少。因此,组长戴遗山必须首先提出大家均可接受的评定副教授的基本条件,以便统一认识,搞好本次评审工作。戴组长的建议是:在坚决贯彻领导对评委们所提出的要严格按照标准公正地进行教师职称评审的要求前提下,本学科组对副教授的评审应该考虑(根据吴从炘的回忆,大致可以归纳成)以下几点:

(1)老人老办法,新人新办法。具体地说,对 1953 年以前毕业的,科研成果的要求可以放宽,对 20 世纪 60 年代毕业的新人则从严。

(2)科研成果不能只看论文的数量及刊物级别,还得看质量,也要看学术素养,讲起话来在行不在行。这一点对学生的影响是很大的。

(3)关于科研成果的要求,需要注意教师所在高校的层次以及数学学科在学校中的地位,予以区别对待,确定是否从宽。

(4)教学上除了教学工作量外,还需关注授课的类别、门数,教学内容的掌握程度,教学法探讨与否,教学质量的真实效果,以及是否编写过教材等方面。

最后,数学与计算机软件评审组顺利完成评审工作,符合省里对评定副教授规定的指标数,并获省评审委员会通过。哈尔滨工业大学数学教研室 3 名 20 世纪 60 年代毕业的申报者:冯英浚、戚振开和刘兴隆全部晋升副教授,副教授林畛评上了教授。

20 世纪 70 年代哈军工迁移长沙,哈尔滨船舶工程学院将来不可能只维持一个海军工程系的现有规模,必定要发展与之相配套的各种专业,建设成一所以海洋舰船为主体的多科性工程学院,这样就必须建立起一支相适应的数学教师队伍。戴遗山审时度势果断决定想方设法从当时社会里正在寻找机会发挥自己数学才能的人中引进教师。很快唐向浦、关质均、任开隆等相继来校工作,戴遗山还为他们讲授"测度论"等课程进行培训,另外又招收 77 级数学师资班,让他们参与培养,戴遗山也亲自为这个班授课。后来这个师资班出了许多位著名数学家或著名学者。仅吴从炘所知道的就有唐向浦指导代数方向现旅居美国的林宗柱与安建碏两位教授,关质均指导泛函分析方向的关波,1982 年考取吴从炘的硕士生,1987 年成为博士生,随即赴美联合培养,经导师吴从炘同意改变研究方向,获得博士学位,成为美国俄亥俄州立大学数学教授,现在被选入厦门大学的

"千人计划"。

注1 戴遗山十分重视基础课的教材建设,据吴从炘查找就有:

[1]戴遗山,汪浩. 概率论. 哈军工,1962.

[2]戴遗山,汪浩,李运樵. 分析引论. 国防科学技术大学,1979.

[3]戴遗山,吴国平. 级数与含参数积分. 国防科学技术大学,1979.

注2 戴遗山与吴从炘闲谈时常谈及昆明附近的抚仙湖,湖水极深,风景优美,是哈尔滨船舶工程学院水上试验基地,他去过很多次。抚仙湖离昆明确实很近,但曾到过云南许多地方的吴从炘却始终未曾去过,每每思及,不胜唏嘘。

注3 戴遗山从事船舶流体力学研究的合作方是位于江苏省无锡市的中国船舶科学研究中心(以前叫研究所,顾懋祥院士担任过所长)。1997 年国务院学位委员会进行了学科调整,1999 年该中心按调整后的新学科招收 2000 年的硕、博士生,在招生简章中,有如下的一段介绍:

"本研究中心已成立 50 周年,……,现有研究员 57 人,国家级和部级有突出贡献的专家 10 人,工程院院士 2 人。中心建有水动力学国防科技重点实验室等 20 座大型研究设施,其总体规模和水平仅次于美国、俄罗斯,在世界名列第三。"

该招生简章只附 1 张图片,即研究中心的水动力学国防科技重点实验室研究设施(该设施由戴遗山和顾懋祥合作科研所用,由于照片模糊不清,故不刊登)。

吴从炘保存的该招生简章原件

注4 1980 年 8 月 10 日至 16 日国防工业高等院校数学研究会成立大会暨第一届年会于哈尔滨举行,由哈尔滨船舶工程学院承办。吉林大学学部委员王湘浩、中国科学院应用数学研究所秦元勋教授和数学研究所王元教授应邀

在会上做了学术报告。国防工办副主任周一萍及国防工业高校部分负责同志也参加了会议。到会代表共86人。有16位代表宣读了科研论文（收到87篇），另有4位代表宣读了教学论文（收到12篇）。

根据事前对国防工业各高校分配的理事名额，共30人。其中，北京工业学院、北京航空学院、南京航空学院、成都电讯工程学院、西安电子科技大学、西北工业大学、上海交通大学、华东工程学院、哈尔滨船舶工程学院、哈尔滨工业大学每校2人，共20人。

而长春光机学院、太原机械学院、沈阳工业学院、西安工业学院、镇江船舶学院、沈阳航空工业学院、南昌航空工业学院、郑州航空工业专科学校、杭州电子工业学院、桂林电子工业学院每校1人，共10人。

经第一次理事会和常务理事会确定：

理事长孙树本（北京工业学院）；副理事长王嘉善（上海交通大学）；常务理事（从姓氏笔画为序）：邓必鑫（中国科学院长春光机学院）、冯潮清（成都电讯工程学院）、孙家永（西北工业大学）、吴从炘（哈尔滨工业大学）、周树荃（南京航空学院）；秘书长刘颖（北京工业学院）。

国务院国防工办文件

（80）办教字478号

关于转发《国防工业高等院校数学
研究会成立大会暨第一届年会纪要》的通知

三、四、五、六、八机部，国防工业高等院校：

国防工业高等院校数学研究会成立大会暨第一届年会，八月十日至
十六日，在哈尔滨市举行。现将会议纪要及有关文件转发给你们。国防
工业高等院校数学研究会是学术性组织，在教学经验、科学研究及
国内外学术动向等方面，积极开展交流活动，为加强基础，提高数
学课的教学质量多作贡献。请各院校对研究会所提出的一些意见和

—1—

国家国防工办文件(80)办教字478号封面

478号文件中关于理事名单第2页

（第6、7行为哈尔滨船舶工程学院理事）

117

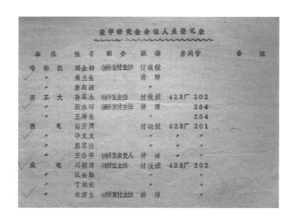

参会人员登记表第 3 页(前 3 人为哈尔滨船舶工程学院教师)

这个数学研究会存续时间很短,黑龙江省数学界大概都不知道哈尔滨船舶工程学院曾承办过该研究会的成立大会,特做较详细介绍。正因为有了这个研究会,吴从炘与孙树本先生很熟,常去看望他。孙树本于 1986 年 10 月来哈尔滨工业大学主持吴从炘第 1 个博士生刘铁夫的学位答辩(那时博士答辩比较复杂,除论文评审人的评审意见外还需要 25 人对论文详细摘要进行评议)。

吴国平将军造访哈尔滨工业大学
数学教师富景隆家

吴从炘　　包革军

富景隆,1954 年毕业于东北人民大学数学系,他所在年级的学生是那一年全国高校数学系中唯一读完四年的本科生。同年,富景隆被分配到哈尔滨工业大学数学教研室工作。富景隆是吴从炘的师兄,两个年级曾同住一间特大寝室,当时还没有上下铺和桌椅,可见那时大学生的住宿条件与环境是很简陋的。吴从炘在哈尔滨工业大学还曾和他一起作为抗战期间曾当过美军翻译的数学讲师之助教,各讲了 3 个班的习题课。按苏联模式"高等数学"的授课和习题课的学时是 1∶1,因此,每周要讲 12 学时的习题课。富景隆与吴从炘所在的前后两届学生入学东北工学院数学系后,学习境遇很不相同,富景隆班比较幸运,"数学分析"与"高等代数"的授课教师都较有水平,基础打得比较好。吴从炘这一届入学后开设的数学课仅"初等微积分"一门,然而不久后开课的老师长期生病又无人代课,几乎等于没有学,基础极差。这一切都是遥远的往事,然而却记忆犹新。

富景隆疏于科研,对教学则十分用心,而且多有心得体会,无论谈及备课要领、专题发言或者听课意见等,总能说出一、二、三、四,使人有所收获。1978 年,富景隆被评为副教授,担任全国工科数学教材编审委员会委员,该委员会"文化大革命"前就有,但哈尔滨工业大学无人入围。

吴国平将军是国防科学技术大学的训练部部长,训练部相当于哈军工的教务部,卢庆骏当年是副部长,"高等数学"是训练部应该管的一门重要课程。另一方面,吴将军的夫人周联洁担任过哈尔滨工业大学数学教研室党支部书记或副书记,她为人平和,和教研室同事的关系都不错。而富景隆的夫人王丽忱也是哈尔滨工业大学数学教研室的老师,年龄与周联洁相仿。因此,吴将军因公到哈,顺便去富景隆家看看,乃常理之事。

可是,按规定将军探访某家,该家门口及所在单元的门口需要有军人站岗。富家邻居和小区住户没有见过这种场面,自然惊奇不已。纷纷猜测,平素并不张扬的富家怎么会有如此高官前来探望且叙谈甚久,十分诧异。

后来有人知道富景隆是数学教研室唯一可以享受离休待遇的教师,并且是从辽宁一所军事学校于 1950 年秋转到沈阳东北工学院数学系学习。也就产生这位将军很可能就是富景隆当初军校同学这样一些子虚乌有的猜测和传说,可笑至极。

据富景隆在《长者何人引我路》(见《沧桑正道话春秋》

（吴从炘藏书））一文中再现了他当年参加革命的过程。追忆了老一辈无产阶段革命家何长工爱才、惜才的宽广胸怀和平易近人的领导风范。我们摘录该文一段，以飨读者：

　　1949 年春节后的一个星期天，我到沈阳最繁华的太原街，这时我被 1 个兵站吸引住了，这就是东北军区军事工业部招兵的大广告，上面醒目地写着"欢迎广大知识青年参加解放军的兵工事业"。广告牌的下面坐着 1 位像是首长的老者，还有几个年轻的士兵围着谈论什么，我走上前去想仔细看看广告还写些什么，那老者却向我招手并说："小鬼，想参军吗？我们欢迎。"我不知所措地回答一声："是。"那老者又接着问我，"你是学生吧！有证件吗？给我看看。"我随即递上了我的沈阳市私立文会高中二年级的学生证，老者看了看又说："好嘛，高二学生算是大知识分子了，你这个学校我已知道是基督教会办的，是很好的学校"，又说："参军吧！不会让你去前线打仗，也不会让你去当工人，你还得学习继续深造，将来好当吴运铎式的兵工人才。"老者一边说一边就给我开了 1 张介绍信，并对我说："回家跟父母商量商量，这是好事，如果家里同意，你就拿这封介绍信连同学生证到北郊文官屯兵工厂院内（张学良时期建立的最大兵工厂），找东北军区军事工业专门学校报到即可。"

回家后跟父母一说就同意了，第2天我就去报到了。报到时接待我的是教务长高广平同志，他问我，"给您写介绍信的老头您认识吗？"我回答："不认识，只知道他像个首长。"高教务长又告诉我说："他是何长工，是我们军工部的部长，他可是留过洋的老共产党员，资格比周恩来副主席还要老，您真是走运，让这老头几句话就把你引上了革命的道路，好好干吧！"然后把我分配到机械2班了。

随着全国的解放，党中央决定将军事工业学校各专业的学生一律保送到东北工学院（现东北大学），因我年纪小，基础不错，分配学数学。这已是60年前的事了。

注 富景隆参加1977年11月在西安召开的全国高校工科数学教材编写会，会上制定并编写了《工科高等数学》的教学大纲。富景隆根据这个会议所提出的高等数学内容深广度的建议而编写了《数学分析》中册（吴从炘收藏），供哈尔滨工业大学工科77级第2学年上学期使用。

教材封面   教材封底

附录一　陈赓大将在哈军工

　　节选自 1985 年 9 月由陕西人民出版社的中共党史人物研究会(会长何长工)编的《中共党史人物传(第二十三卷)》(吴从炘收藏)陈赓传(1～90)的 78～86 页,另外本书作者添加了小标题。

封面

扉页

　　(1)哈军工建校大事。

　　1952 年 8 月 22 日,由陈赓(1903—1961)领导,在北京成立了哈尔滨军事工程学院筹备委员会。

陈赓照片

　　陈赓领导筹备委员会首先集中力量解决教师队伍建设问题,因有周恩来的关怀和各有关方面的支援,很快就从各地抽调了近百名学有专长的教授、副教授,又从各大军区挑选 300 名优秀大学毕业生,成立助教队,训练师资。1953 年 4 月 25 日,……五千名建筑工人,……仅用 7 个月就建成了 10 万平方米,36 栋高质量校舍。……,1953 年 9 月 1 日即举行军事工程学院成立暨第一期开学典礼。

　　由于陈赓的正确领导,军事工程学院发展得很快,到 1957 年就粗具规模:校舍 60 万平方米,教师 1 600 人,专业 34 个,实验室 149 个,教材、图书、仪器、设备数量相当可观,也比较先进。

　　1958 年,学院技术力量在技术革新中又有发展。国防部长彭德怀这年9月来校视察后向军委和党中央写报告说:"军事工程学院经过四五年的经营,规模很大,在远东来说,可能是唯一的。""文化大革命"中,军事工程学院遭到破坏,1970年被拆散南迁。1978年6月,国务院、中共中央军委决定以军事工程学院搬迁到长沙的力量为基础成立国防科技大学。

(2)坚决贯彻党的知识分子政策。

陈赓把他们(指调来学院的老教师)看成党和国家的宝贵财富,看成要办好这个学院所依靠的力量。在工作中,他对来校的知识分子,真正做到了政治上充分信任,工作上大胆使用,生活上尽可能地予以照顾。每次政治运动中,他对一切正直的爱国的知识分子,总是采取坚决保护的态度,不让随便给他们戴政治帽子。有些高级知识分子出身于剥削阶级家庭,曾到外国留学,在旧社会做过事,社会关系比较复杂。陈赓亲自找他们谈心,恳切地说:"你们历史上有什么问题,有些什么社会关系,讲清楚就是了,放下包袱,好好工作。难道你们的社会关系还比我复杂?我家里是大地主,我给蒋介石当过副官,还救过他的命。"有次他鼓励学院保卫部副部长介绍两位现实表现好,社会关系比较复杂的教授入党。

(3)非常重视学员德、智、体全面发展和革命军人素质的培养。

陈赓很注意野营教育和军事训练,重视政治思想教育,对于科学知识的教育十分注意理论与实践的结合,重视实习工厂的建设。由于他的大力倡导,各系科学研究工作普遍开展起来,获得了丰硕的成果。他还不断地组织力量,检查教学工作,及时解决发现的问题。

他也非常关心学员的生活,当时学员伙食标准规定一律吃中灶,他向全院工作人员指出:"我们所有的工作部门都要为学员服务,要求学院的一切人都要为学员着想。"他主张广泛开展文化体育活动,把学员的课余生活搞得丰富多彩。

1958 年夏天,军事工程学院党委打电报请示:是否为此(指"大炼钢铁")停课? 他回答说:"那不行,学生要学习,怎么能都叫去大炼钢铁?"为此他去找当时的总参谋长黄克诚,黄克诚完全同意他的意见。他俩又去请示兼任国防科委主任的中央军委副主席聂荣臻,聂帅也支持他。他就马上答复军事工程学院:照常上课。

(4)顶住军队中突然发动矛头指向军事院校的一场所谓的"反教条主义"运动。

这场矛头指向军事院校的运动(指所谓的反教条主义运动)直接影响到军事工程学院。从上面派来的指挥这个运动的人,一到学院就说原来制订的教育计划全部错了,使得一些主管教学的同志受到了错误批判,被扣上了"教条主义"的帽子。陈赓感到这股风的气味有些不对头,曾告诉主持日常工作的刘居英副院长坚决顶住,对于想要完全否定以前学院成就的歪风不要让步。由于他的干预,这个运动的开展在这里受到限制,不像有的院校那样造成大的损害。实践证明,陈赓的意见是对的。后来中央军委主席邓小平指出:那次"反教条主义"是错误的。

注 为纪念哈军工建校 60 周年,哈尔滨《新晚报》于 2013 年 9 月 3 日刊登了两篇纪念文章。原哈军工 55 级学员薛沛丰的

《哈军工,哈尔滨的骄傲》

2013 年 9 月 3 日《新晚报》

和原哈军工建委会副营级工程师曹琦的

《哈军工校园,建筑史的奇迹》

哈军工校园
建筑史的奇迹

曹琦

新中国成立不久，爆发了朝鲜战争，战火很快烧到了鸭绿江边，严重危及祖国的安全。党中央决定派出中国人民志愿军抗美援朝，保军卫国。严峻、复杂的国际形势和仇美援朝的现实，令中央皇室举全国之力建设一所为国防现代化培养高级科技人才的高等学校。1952年9月，时任志愿军代司令兼政委的陈赓将军奉命回国筹建人民解放军军事工程学院。

创建"军工"艰难曲折，前后历经多地。各地气候条件先要选址建校，此时苏联顾问提出哈尔滨有雄厚的工业基础、独特的文化教育背景。建议在哈尔滨建立军工学院。军委皇长陈赓采纳苏联顾问的意见，最后选定哈尔滨，这就是"哈军工"的由来。

"哈军工"的校园选置在南岗文庙街一带，是当时区海拔最高的地方，占地近五公顷。1952年12月8日，陈赓院长抵达哈尔滨后的第一件事就是勘察校区、地址几位选择领导共同查看院址，勘察沿用。为了早出人才、早出成果，陈赓院长提出了"边建、边教、边学"的"三边"建校方针。

1953年起"哈军工"计划施工80余万平方米的项目被列入国家重点建设工程，东北第一建筑工程公司承担学院的施工任务，在园的施工中，陈赓院长和政委都先后参加了施工劳动。据陈赓院长在回忆工地观察工地施工情况，1953年4月25日"哈军工"工程破土动工了。在创建真真从，陈赓院长亲自主持；第一条路是"军工"路……第二条路是"文庙"路和图庙街街道的区域……

"哈军工"校园门约5幢大楼，200万平方米，不到三年就建成了，堪称建设史上的奇迹。这期间陈赓院长虽在北京养病多次来哈尔滨视察工地工程建设进程，几乎每座教学楼大楼，全靠人力劳动，每一幢楼的教学楼都是这时期所完成的，几十座大楼的建造速度堪称奇迹。

中国的建筑史上这是奇迹。著名建筑学家梁思成参观后评价：这座"哈军工"校园，建造在这样短的时间里，他们的教学大楼既是雄伟又大方美，表现出民族的优秀风格。

从1966年开始"哈军工"革命迈进分散、搬迁、改制、支迁的历程，"哈军工"分别发展的科技大学、哈尔滨工程大学、南京理工大学、工程兵工程学院、第二炮兵工程学院等成为工程学院。原先与"哈军工"六机、空军工程系改为航空工程系的成为西北工业大学，当年相继被非教授领导的"哈军工"风洞实验室改为中国航空工业空气动力研究院，至今仍在发挥作用。

"哈军工"的摇篮原址扎在哈尔滨，她所育的高等军事技术教育的种子已经盛开在祖国各地，分布在祖国各地的"哈军工"优秀传统的国际技术院校迅速走向了成熟，开发展成为知名大学。

（原哈军工建委会新世纪工程师）

2013 年 9 月 3 日《新晚报》

在薛沛丰的文章中有"哈军工……，建成了国内第一个亚洲最大的风洞群；研制了我国第一代高性能晶体管计算机；航试了国际领先的第一艘水翼艇和气垫船。"

在曹琦的文章中有"陈赓院长提出'边建，边教，边学'的三边'建校方针'，哈军工校园……，其中建筑高峰期从 1953 至 1955 年，共完成 42 万平方米。5 栋教学楼 14 万多平方米就是这段时期完成的……全靠人力劳动……完成这么多优质的建筑群体，在中国的建筑史上是奇迹。"

吴从炘收藏的 2013 年 8 月 13 日《新晚报》还刊登了一篇报道

《月底去哈军工看国宝》

经黑龙江省文物普查专家组鉴定,168 件国家级文物中有一级文物 5 件,分别是:"毛泽东签发的哈军工副院长任命书""钱学森建议哈军工成立工程数学系的亲笔信""女科学家刘若兰带领学生测绘的南海 7 月海流图""20 世纪 60 年代研制成功的我国第一台机载火控计算机""20 世纪 80 年代歼-7E 试验吹风木质机翼模型",被誉为中国空军现代化的起点,已是"镇馆之宝"。

附录二　陈百屏在哈军工数学教授会

　　1952 年底,陈百屏经周恩来总理同意点名调到哈军工,任高等数学教授会主任。当时哈军工刚筹建不久,一切从头开始。学院各级领导干部都是久经考验的来自各战区的老八路,他们对如何办一所正规的军事工程学院完全陌生,缺乏经验。从全国、全军抽调来的教员,除周总理点名选调的一批知名教授外,大批的年轻教员虽有大学本科毕业的学历,但多荒疏专业已久,或者是从大学刚毕业的,对承担繁重的教学任务显得很不适应。

　　陈百屏就是在这样困难的形势下,就任哈军工高等数学教授会第一任主任,担负起创建教研室并迎接 1953 年 9 月 1 日开学首当其冲的高等数学课程全院各系的教学任务。

　　陈百屏首先策划创建教研室的工作计划,分四个方面(详见下文),每个方面又列出若干工作项目,同时组织落实和实践。

　　组织教师队伍。当时教研室教员数量少,水平不够,难以担当全院高等数学课的繁重任务。陈百屏向领导建议,从专业教研室(还没有开课任务)和物理教研室(第二学期才有开课任务)借调若干名教员来到数学教学第一线。教员有:陈百屏、卢庆骏、孙本旺、罗时钧、潘景安、彭慧云、吴洪鳌、邓金初、吴克裘、金蔼如、李宗正、许相照、刘淑兴、刘森石、张景光、张立光、汪浩、刘德铭、潘承泮、王长列、张世英、凌如镛、冷固、张阮林、张绍侯等,当时高等数学教授会除教授外,助教共20人。

选定教材,制订教学大纲。根据向苏联学习的指示精神,陈百屏选定两本苏联数学教材,作者分别是:别尔曼和米哈立森,以适应两类对数学要求不同的需要。与此同时,根据教学计划规定的教学时数,指导大家一起制订各系的教学大纲。在开学前,各大课教员还要据此编写教学日历,指导教学活动正常地、有条不紊地进行。

建立集体备课和试讲制度。由于教员来自四面八方,水平不一,如何统一教学要求,保证教学质量,这是一个难题。陈百屏建立集体备课和试讲制度,为解决难题开辟道路。每周一次教学准备会,由大课教员轮流主讲下周的教学进度和要求,大家展开讨论,最后由主任总结,明确作出部署。在当时的条件下,这是最好的指导教学的办法。新教员开课,或者难讲的课,都要进行试讲,大家提出改进意见。陈百屏亦带头试讲示范。这个办法一直流传至今(国防科技大学数学教研室等单位)。

当时各专业教研室教员亟须复习数学,高等数学教研室还承担助教训练任务。陈百屏指派卢庆骏、吴洪鳌承担助教一队训练任务;潘景安、刘德铭承担助教二队训练任务。

由于陈百屏精心组织计划,并且与教员上下打成一片,团结协同,因此哈军工正式开学后第一轮讲课效果很好,打响了哈军工最早开课的第一炮。由此起一直往后至今,哈军工乃至国防科大的数学课教学一直保持良好的口碑,同志们一直保持着团结奋进的教学态度。

陈百屏在第一轮教学完成后,即调到理论力学教研室任主任,由卢庆骏、孙本旺接任正、副主任,但陈百屏创建数学教研室的功绩将永记史册,不可磨灭。

本文由吴克裘、汪浩、刘德铭回忆,汪浩执笔(2000 年 11 月 23 日)。汪浩,男,江苏常州人,1930 年 2 月生,1952 年毕业于清华大学数学系。刘德铭,男,河南堰城人,1930 年 5 月生,1952 年毕业于南京大学物理系。吴克裘,男,江苏南通人,1926 年 10 月生,1948 年毕业于武汉大学数学系。三人于 1952 年底奉调至正在筹建的军事工程学院高等数学教授会,任助教。自那时起,三人一直在同一数学教研室工作,历经哈军工、长沙工学院、国院科技大学三个历史阶段,现均为教授。——编者注

附录三　哈尔滨市数学会第三届
理事会工作报告

1982 年 12 月

同志们：

哈尔滨市数学会是在 1956 年成立的,到现在已经 26 年了,在理事长卢庆骏教授和副理事长孙本旺教授领导下的第一届和第二届(1961 年改选)理事会,在团结数学工作者开展科学研究、数学研究、科普工作和组织速写等方面做了很多工作,取得了一定成绩。在"文化大革命"期间,学会工作被迫停止。粉碎"四人帮"后在 1978 年全国科学大会鼓舞下,学会开始恢复工作,于 1979 年 1 月召开数学会代表大会。改选了理事会,组成了在理事长戴遗山教授和副理事长吴从炘教授领导下的第三届理事会,到现在已经整整四年了。四年来我们在党的十一届三中全会精神指引下,在市科协的领导下,经过全体理事和会员的努力,团结全市广大数学工作者做了很多工作,取得了一定成绩,这就为今后适应新时期的需要,开创学会的新局面打下基础。

1. 发展组织

几年来由于我国教育和科学事业的全面发展,数学工作者人数成倍增加,例如哈尔滨市中学数学教师1956年为344人,1966年为1 100人,1981年为2 644人。现在大专院校数学教师约600人,科研所和职工大学都有显著增加,相应的我学会会员也成倍增长。由1956年成立时约100人,1979年约200多人,现在已增加到400多人,其中大专院校200多人,中专近100人,中学近100人。这400名会员是我学会的基本群众,代表着全市约4 000名数学工作者,是发展我市数学事业的骨干力量。

在学会组织机构上根据开展数学普及工作的需要,于1981年建立了普及委员会。

2. 开展科学研究工作

四年来以各大学和科研所为中心,开展了基础数学和应用、数学的理论研究工作,取得了积极成果。分别在国际性、全国性、地区性数学与科研期刊上发表科研论文。例如1982年哈尔滨市自然科学优秀学术论文评选中,数学会有哈尔滨工业大学吴从炘教授《关于核完备空间的几个问题》及哈尔滨工业大学冯英浚、刘兴隆、崔明根和市电子计算技术研究所张宏志同志等五篇论文受到奖励,还有哈尔滨工业大学曹斌、王承官同志两篇应用数学论文在标准化协会获奖。曹斌副教授的论文还收在1981年日本齿轮传动会议的国际学术会议论文集。省应用数学研究所的韩志刚、邓自立副教授参加 1982 年在美国由国际自动控制联盟召开的第 7 届辩识和系统参数估计大会,发表三篇论文,这次大会收到近百篇科学论文。

3. 组织学会交流活动

近两年来我市的学术交流活动空前繁荣,各大学积极组织了各种学术讲座、讨论班、报告会,聘请国内外专家来哈讲学,活跃了学术空气,培养提高了师资。如哈尔滨工业大学组织的模糊数学、集论、随机控制等讨论班,黑龙江大学组织的函数论、拓扑学、计算数学、代数等讨论班,哈尔滨师范大学组织的代数讨论班,船舶学院组织的代数讨论班等都引起了很好的作用。美国 Kotz 教授做统计学报告,美国范慎教授、余有任博士来黑龙江大学讲学,加拿大张绍骞教授做应用数学报告,中国科学院系统所关肇直、朱永津、韩京清等中外学者来哈讲学,都受到我省市数学工作者的热烈欢迎。

4. 开展数学研究工作

配合各级各类学校提高教学质量的需要,开始加强教学研究工作,在王景林副教授领导下建立了省高等教育研究会组织。在叶乃震副教授领导下建立了哈市职工高等教育数学教研会组织,进行经常的教研活动,在市教育学院王万祥副院长领导下,成立哈市中学数学教学研究会,积极开展教研活动;为帮助中学教师掌握新大纲教材,请颜秉海副教授传达了教育部制定新大纲精神,请韩志刚、冯宝琪、李宗鹰分别讲概率统计、集合映射，以及课外活动辅导等。

在 1982 年召开的全国中小学数学教育研究会和东北地区中学数学教育研究会上，我市的戴再平、颜秉海等同志以及中学教师的 8 篇教学研究论文受到重视与好评。

哈市中专成立数学教研会，组织一次教学大纲讨论会和两次学术报告讨论会，请哈尔滨工业大学储钟武，电工学院孙学思两位副教授做了报告。

5. 开展数学普及工作

四年来我会积极开展了以面向青少年为重点的数学普及工作，取得了很大成绩。从 1978 年起我市每年组织中学生数学竞赛已形成过程制度化，操作正规化，体现群众性，规模逐渐扩大，竞赛水平逐年提高。已举办过四届高中竞赛，有 1 673 人次参加，选出优胜者 147 人，初中竞赛有 4 230 人次参加，选出优胜者 189 人，今年又增加小学生数学竞赛，此外又组织参加了三届省数学竞赛和两届全国数学联赛，都取得较好成绩。在全省优胜者中我市约占二分之一，在 1981 年全国联赛中我市得优胜证书 19 人，得优秀奖 2 人，1982 年我市得优胜证书 23 人，得优秀奖 3 人。

每年举办数学竞赛优胜者培养班，对初中数学竞赛前 100 名培训一年，由大专院校和中学教师组成讲师团，进行专题讲座，从 1978 年起已办了 7 期，共 520 人参加，为提高全省全国竞赛成绩和培养数学人才起了很好的作用。其中升入中国科技大学就有 12 名，北京大学 7 名，清华大学 3

名,有的已考取出国留学生,为国家输送科学后备人才做出贡献。1982年六一儿童节,市数学会被选为市少年儿童先进集体,颜秉海同志被评选为市少年儿童先进工作者,受到哈市人民政府的奖励。

6. 开展应用数学的推广普及

普及工作的另一重点是面向干部、科技人员和中学教师,根据工厂企业领导学习管理科学的需要,市数学会于1980年11月举办"管理科学的数学方法"学习班,有哈市工厂企业领导和科技人员100多人参加,1981年10月又与市企管研究会、省经委合办"经济数学"学习班,有省公交系统企业领导和工程技术人员、大专教师300人参加,由韩志刚副教授讲课,取得较好的效果。

此外会员还积极为出版社和省市科技报以及中学数学杂志写稿,由省人民出版社和科技出版社出版数学课外读物30种,发表科普文章和数学研究文章多篇,并组织过两次数学史知识报告,积极普及数学知识。

对今后工作的建议

党的十二大提出了我国国民经济发展的宏伟目标,并把教育和科学作为三大战略重点之一。在国民经济发展的"六五计划"中具体规定了科学研究和教育发展的目标和计划。我们从事基础科学的数学工作者与我国科学技术发展和人才培养密切相关,责任重大。因此我们数学会必须在十二大精神指导下,团结全体会员和数学工作者,在新的理事会领导下积极努力,献计献策,努力开创学会工作的新局面,为进一步提高科研水平,繁荣数学事业,培养人才,提高教学质量,搞好物质文明和精神文明建设做出自己的贡献。

（1）正确贯彻"加强应用科学研究,重视基础科学研究的方针,大力开展科研工作,活跃学会学术活动"。我市的纯粹数学和应用数学都比较落后,结合我市情况,应努力提高基础较好的数学理论水平,也要注意开拓新的研究领域。开创基础数学的研究新局面。另一方面要大力发展应用数学研究,积极响应中国数学会大力发展应用数学的号召,使数学能有效地为国家建设服务。为此新理事会下设学术委员会和应用数学委员会,以加强对基础数学和应用数学的学术研究和学术交流活动。每年定期举行论文报告会和学术讨论会,并积极开展应用数学成果的推广、普及工作和咨询服务工作。

（2）关心数学教育,大力加强教学研究,提高各级学校的数学教学质量。积极响应中国数学会,要"关心数学教育,抓好中学数学教育"的号召,以及加强高等学校的数学教育以提高教学质量,加强人才培养工作,为此新理事会设立高等教育委员会、中专教育委员会和中学教育委员会与各自的已有的哈市的职工高等教育,中专、中学数学教学研究会组织相结合,统一活动。每年定期举办数学教育理论研究报告会和教学经验交流会,开创数学教育研究工作的新局面。

（3）积极开展数学知识的普及活动。为提高青少年的数学水平而努力。在"六五计划"中规定发展科学技术的措施之一是"积极开展科学技术知识普及活动"。要特别重视对青少年的科学普及教育，培养他们爱科学，学科学。在中国数学会举办全国数学联赛的带动下，普及委员会应继续组织好哈市中小学数学竞赛活动，并提高参加全国联赛的水平，继续办好市数学竞赛优胜者培训班，提高讲课质量，重点校应积极开展和加强学生数学课外活动的指导，为发展和培养更多的数学人才贡献力量。各区与教育部门配合开展小学生数学课外活动，组织有趣的报告会或智力竞赛活动。广大会员和数学工作者应为省出版社和各种科技报刊、数学杂志多编写有益的数学课外读物以及适合青年自修的高等数学书籍，努力提高质量，用多种形式普及数学知识。

（4）健全和加强学会组织建设，充分发挥学会的作用，使学会活动常态化、正规化。以适应开展学会工作新局面的需要。为此设常务理事会，由正副理事长和正副秘书长组成，负责学会的集体领导和分工，增设正副秘书长和秘书组成的秘书处，负责学会的日常工作。

理事会下设六个工作委员会，即学术、应用数学、普及、高等教育、中专和中学委员会，以便在统一领导下分别独立开展活动，与省数学会统一组成各学科专业组，负责审查和推荐本领域的学术论文。今后学会原则上每年举行一次年会,各工作委员会每半年定期开展学术活动。充分发挥学会的功能。努力把学会真正办成科学家之家,办成造就科学人才的特种学校。

全体会员和数学工作者团结起来,在十二大精神指引下,为胜利完成"六五计划",繁荣我市的数学事业,提高数学科研水平和数学教学质量,为迎接1983年中国数学会第四届代表大会的召开,做出更大贡献而努力奋斗!

附录四　戴遗山教授的数学教育理念及其实践

唐向浦

一、顺势而为

大家清楚,1977 年后,在全国"拨乱反正"的大背景之下,教育战线恢复了高校考试录取新生的办法,使得在"文化大革命"中沉积了十年的一批有为青年,跨入了高等学校的大门。前后相比较,77 级和 78 级的新生素质是最好的。他们坚信知识就是力量,渴望运用知识改变命运。

1977 年,哈尔滨船舶工程学院迎来了一大批高素质的新生,学校必须改变前几年那种开门办学,课程内容越简单越好的教学模式。

由于哈军工在办学过程中,数学教育工作者有国内知名的数学教授卢庆骏、孙本旺坐镇,青年才俊戴遗山和汪浩两位副教授等人的协助,所以他们对工科学生的数学要求是特别高的。从他们自编的数学教材看出,有的内容和理科相近,在其数学技巧的应用上,还更胜一筹。在"文化大革命"前的办学过程中,经过实践的验证,确实是可行的好方法,也确实为国家培养了一大批高水平的军事工程人才。

在如何培养哈尔滨船舶工程学院77级新生的教学中,戴教授继承和发扬了哈军工数学教育的优良传统,提出在课外增设数学提高班。他大胆地将此重任担在了青年教师唐向浦的肩上。接此重任的我,压力极大,每周都要从吉米多维奇的《数学分析习题集》节选出有难度的习题,讲解出解题的思辨逻辑,为培养学生的兴趣和自觉学习的积极性,每次都留有大量习题。上课的100多人的教室,坐得满满的。学生们的求知欲以及学生同老师的交流,使我为之感动,决心一定要有所作为。更有甚者,学生修庆方将习题集中每一题逐题作解,使戴教授和我都深受感动,并且表示,修改后可以出版。不过有的学校已先行一步,率先出版了该习题集的解答。同学们的学习热情和勇往直前的精神,为哈尔滨船舶工程学院培养高质量的工科毕业生打下了坚实的数学基础。特别是发现了一些对数学学科感兴趣的莘莘学子。

二、"严"字当先

哈尔滨船舶工程学院随着国家的发展而发展,学校领导布局未来。为此,需要更多的高水平科班出身的数学教员,靠外调看来不是好办法。在戴教授的建议下,学校决定举办数学师资班,自己培养,生源就从77级数学提高班上有志于数学科学教育工作的工科专业学生中录取。这样哈尔滨船舶工程学院77级数学师资班应运而生。当时,我有幸成为该班的任课教师兼班主任之职,成为和同学们交流的益友。

在开班之前,我曾去北京大学、中国科技大学数学系调研,了解他们四年制本科的教学大纲和课程设置(过去是五年制,有专门化的设置)都有一些改变和新的设想,我们也就依他们之规而行。

但一个"严"字,是戴教授待人处事的特点。他不仅对自身要求严格,对青年教师、学生们也处处严格要求。

办学过程,他首称要求严选教材讲授,比如《数学分析》选吉林大学的,《高等代数》选北京大学的,《微分几何》选南开大学的,《实变函数与泛函分析》选复旦大学的,《近世代数》选武汉大学的,等等。内行人都知道,这些教材在讲授中的难度可以说是同类教材中顶级的。这一"严",使得任课教员必须潜心钻研,可以说,要培养出好学生,首先要有好教员,教员也由此获益匪浅。

再一"严"就是对学生的要求严,他亲自讲授"数学分析和实变函数论"。戴教授语言精练,板书漂亮,并且对学生作业要求严格,为学校任课教师树立了榜样。我认为,像他这样有重要科研成果而又精于教学的教授,在全国高校中也不多见。

同学们不仅从他身上学到了数学的基础知识,受到了严格的基础训练,而且还树立了正确的事业观。由于77级学生的素质好,即使再严格,只有感觉吃力的,还没有掉队的。在 20 世纪 80 年代我校招收的应用数学专业,他授课的"数学分析",考试有半数不及格,他一点不留情面。后来据留在工科读研究生的颜东同学回忆说,当他感觉自我良好时,受此当头一棒,猛醒。认真学习后,成了北京航空航天大学的博士生。

俗话说,严师出高徒,这话确实有一定道理。在戴教授带领的数学师资班教师团队的共同努力下,在三年级时,班里就涌现出十余名学习优秀的学生,其中最突出的代表就是林宗柱、关波、安建碚三人,受到严师戴教授的青睐是不容易的。

三、更上一层楼

为了满足优秀学生学有余力之求,根据当时的师资情况,决定开设"泛函分析"和"代数典型群"两门选修课,几位拔尖的学生被邀请参加戴教授为青年教师开设的测度论研讨班。这样既可以使学生们更快地接触到近现代数学个别学科的内容、研究方法以及特点,又能培养他们研究数学的兴趣,体味其中的挑战和困难,树立超越的信心和勇气。

在这里,特别介绍一下"代数典型群"选修课的情况,此门课共有八名学生选修。由于我是中国科技大学 59 级数学系代数专门化的毕业生,在校时,得到著名数学家华罗庚的真传,有讲授本课程的基础,所以选取了华罗庚、万哲先的专著《典型群》一书作为教材进行讲授。我认真讲解其中的入门知识和书中重要章节,还着重介绍华老和万哲先老师在解决问题时的思辨过程,学生们深受启发。由于专著涉及内容太多,许多内容还待自学,所以也培养了他们独立自学的能力。我牢记华老所言,典型群是代数学领域中需要基础知识较少,又能较快深入课题研究的学科,适合初入门的学生练习。

由于以华罗庚、万哲先为代表的中国典型群学派在世界上占有一席之地,有独特的矩阵方法解决典型群研究中难题的优势,所以硕果累累。经过不到一年的学习,学生们基本上掌握了书中不少章节的精神。

正巧,1981年夏,中科院数学所万哲先教授邀请对当代典型群研究做出划时代贡献的美国代数学家欧米拉来东北师范大学讲学,介绍他所创立的剩余空方法及其在辛群自同构中的应用。在学校教务长杜杰和戴教授的支持下,我带林宗柱、安建碻和关波一同前往,他们三位是这次参加听课者中年纪最轻资历最浅的。但他们是真正掌握了新方法的取经者。由于他们掌握了典型群研究的两种不同风格和途径的研究方法,会加以比较和综合使用,这样就有了技高一筹的优势。

回校后不到一个月,暑期中林宗柱就解决了欧米拉教授在讲学中所留下的个别问题。而安建碻在攻关时,碰到难点,寝食不安,尝到了数学创新的艰辛,感叹真不同于学习前辈成果那么易行！此时,我将未发表的论文《局部环上辛群的自同构》一文提供给他参考,正好解决了他碰到的难点之一,也很快解决了一个悬而未决的问题。而关波,更善于分析数学的学习和创新,毕业后,他成了哈尔滨工业大学吴从炘教授的首位博士生[①]。

我将林宗柱、安建碏解决的问题告诉了万哲先教授,他表示说,林宗柱、安建碏真正掌握了新的研究方法,现在的成果整理后可在《数学学报》上发表,还可以继续解决更多问题。我将此信息告诉戴教授,他也感到惊喜。没想到这么快就有如此惊人之举。尔后,确实以毕业论文的名义发表在《数学学报》上,这在全国本科毕业生中也属罕见。他们俩也成了哈尔滨船舶工程学院培养本科毕业生质量的名片。

四、因材施教

戴教授组织的数学师资班的教师团队,多为年青教员,先后在典型群、泛函分析、计算方法、常微方程以及随机过程都开设过选修课(麻雀虽小,却五脏俱全),这就为最后一个学期学生从事毕业论文的写作打下了基础,他们可根据自己的兴趣和能力,选择适合自己的论文导师和相关题目。由于各门学科的难易有别,学生能力有差异,所以因材

---

① 吴从炘的首位博士生刘铁夫于 1986 年取得学位。——本书作者注

施教是最佳选择。比如：修庆方同学喜欢非标准分析，学校又无这方面的指导教师，就推荐他去北京师范大学王世强教授、中国科学院李邦河副研究员处请教，由于李邦河是我在数学所的同事和朋友，所以他们都很热情地给予了帮助。为了更突出对尖子人才的培养，在杜杰教务长和戴教授的支持下，让林宗柱、安建碏住在北京，一方面，在北京大学旁听北京大学知名数学家的讲课，另一方面，参加中国科学院数学所的万哲先教授主持的典型群讨论班。这样使他们开拓了数学的视野，进一步提升了数学研究的能力。在毕业留校的一两年内，我和他们一道在环上典型群课题之下，共完成十篇论文，随后陆续发表在《数学学报》《数学年刊》（中英文版）上，引起国际代数学界的注意，聘请林宗柱、安建碏担任美国《数学评论》杂志的评论员。这些成果只是他们踏入数学门槛的开始，作为他们日后拜国际数学大师为师的晋见礼，有这样基础的学生加之名师指导，成为国际上有影响力的人才指日可待。

五、后记

哈尔滨船舶工程学院77级数学师资班，学风纯正，团结友爱，勇于攀登，是我校少有的先进集体，而戴教授数学教育理论的实施确实为该班培养出不少数学人才。有十余人在本科毕业后，在国内外重点大学取得博士或硕士学位。人人都选择了适合自己的道路继续发展，几十年来，他们在自己的科教工作岗位上，为国家做出了巨大的贡献，以优异的成绩向母校致谢。

特别值得一提的是，关波是中宣部千人计划引进的数学英才，担任厦门大学的特聘教授，林宗柱更是当代活跃在国际舞台上的代数学家，担任三峡大学国际数学研究中心的主任，是受聘于河南省教育厅的特聘教授。为了提高我国的数学水平，他们花费了大量的精力，产生了非常良好的效果，培养了不少年轻学子成为所在学校的教学骨干。更为欣喜的是，他们竭尽全力为哈尔滨工程大学申请数学博士点。

关波说，这是哈尔滨船舶工程学院、哈尔滨工程大学几代数学人努力的结果。理学院副院长樊赵兵说，这次申请博士点成功，源于学校前辈们留下的丰硕遗产。而林宗柱、关波表示，他们会继续为我校博士生的培养贡献力量。

申博成功的喜讯，告慰戴遗山教授的在天之灵，他所开创的哈尔滨工程大学数学事业后继有人了。

谨以此文表达对师长和同事戴遗山教授的怀念之情。

著名作家格非最近接受了《南方周末》的访谈。

南方周末：死亡变得没有意义该怎么理解？

格非：通过朋友圈，就可以感觉到我们怎么看待死亡。比如一个人去世了，大家就群起纪念，纪念以后就迅速把这个人遗忘。我觉得很奇怪，按照过去的想法，一个人会死亡两次。第一次是肉体消失，第二次是所有认识他的人死亡，导致他真正死亡。没有人纪念他，他就真正死了。所以，一个人真正死掉在过去是不容易的，需要非常长的时间。可是在今天，死亡变得非常容易。很多人还活着，但消失了很多年，等他的讣告出来，大家纪念他一次，这个人就抹掉了。这是现代社会的一个特征。

我们这一代人所熟知的语式为:有些人活着,他已经死了;有些人死了,他还活着。其实与格非说的是一致的,一个人只要还有人在怀念,那他就没有真正死去。比如卢庆骏、孙本旺教授。

本书是一本纪念卢庆骏和孙本旺先生的回忆录,对孙本旺教授笔者还有一点补充。

笔者喜欢收藏旧书。天津的古文化街的阿秋书店是笔者每次去天津必去的地方,曾在那淘到了一本南开大学出版社 1999 版的《南开人物志(第一辑)》。读之其中就有许康(也是本工作室的作者)和苏衡彦两位教授所写的"孙本旺"这一篇。文中给人印象较深的有以下几点(个人观点)。

1. 天资过人。"3 岁就能看图识字,还能背诵不少古诗,从小养成好读书的习惯。"

2. 书籍引路。"有次看到日本数学家林鹤一主编的一套数学小丛书,立即被深深吸引住了,对数学产生了浓厚的兴趣,立下了为数学贡献毕生精力的宏大志愿",这也说明数学科普很重要。

3. 名师高徒。他在南开大学求学期间,"系主任姜立夫教授,哈佛大学博士,直接或间接地给孙本旺留下深刻印象。姜立夫教授一丝不苟的治学精神,博学多能的知识结构,循循善诱的教学艺术,使孙本旺心悦诚服,成为以后工作取法的榜样,其他恩师还有蒋硕民教授,他留学德国归来几年,执教解析几何与代数、复变函数等课程,用的是德国 Spenner 等的德文原版书。"

那个时代数学界对德文教材是很推崇的。最近《中国科学报》人物专栏有一个系列报道,题为:寻找新中国科学奠基人。

2019 年 12 月 3 日这期是写中国拓扑学第一人江泽涵(1902—1994)的。其中有这样一段:

"当时父亲的行李箱里,只有带两本书的空间。"

1937 年夏,卢沟桥事变的前一天,彼时不满 35 岁的江泽涵刚刚结束了第二次在美国的访学,回到北京大学。忆起随后因战火而导致的南迁之旅,如今已年近九旬的江泽涵长子江丕桓告诉《中国科学报》,父亲携妻儿离开北平时,选择了两本德文书,一本是 *Lehrbuch der Topologie*,另一本是 *Topologie*。

4. 初露锋芒。"1940 年 9 月,大后方以昆明为中心成立了新中国数学会,孙本旺成为首批会员"。在 1944 年 10 月举行的庆祝中国科学社成立五十周年纪念会和八团体(含新中国数学会)联合学术年会,数学组分两天举行学术报告,第一天是代数与几何论文,由程毓淮、孙本旺、严志达、华罗庚、江泽涵五人宣读,华罗庚共 4 篇,其次便是孙本旺共 3 篇,标题是《局部重凝形势群的构造》《黎曼几何之一定理》《有限投影几何之共线问题》,这反映出他已能将在华罗庚和陈省身讨论班所学知识进行创新,达到摘取高水平成果的程度了。

5. 负笈海外。从 1946 年 7 月到 1949 年底,孙本旺先后在纽约大学的数学与力学研究所(这是由库朗(R. Courant,1888—1972)的研究小组扩充而成的,被誉为"天才的储存库"),师从弗雷德里希并在普林斯顿大学高级研究院听阿廷(E. Artin,1898—1962)的课。这期间,他发表了《有限维投影几何》《微分方程 $y^{(4)} = F(x, y, y', y'', y''')$ 的几何问题》《Dock 问题》等论著。

6. 高度评价。回国初期,他发表了《辛变换的几何学 I——辛反对偶所成的对称列曼空间》(英文。载 Journal of the Chinese Mathematical Society. Vol 1. No. 3,1951,296–332)及《辛空间的微分几何引论》。段学复院士在《近代中国数学家在代数方面的贡献》中评论:"孙本旺在矩阵几何方面的工作,为华罗庚 1940 年开始的工作所导引……他把以偶对正交群(辛群)为基本群的对称黎曼空间完全决定了出来。"几年以后,孙本旺在全国"向科学进军"的高潮中,又奉献了《论齐性空间内广义球函数的正交性与完整性》(《中国数学学报》第 6 卷第 3 期,1956 年)等。苏步青在《新中国数学十年——1949—1959》中给予了很高评价,还说他是我国大陆第一个研究 E. 嘉当几何的数学家。

7. 默默耕耘。"1952 年冬,陈赓大将负责组建哈尔滨军事工程学院。将请求调配人员名单交周总理,其中就包括孙本旺教授。因此,他服从国防建设需要,投入基础数学教学默默耕耘。"

8. 支持奥数。"他在领导湖南省数学会期间,主持编写

《中学生数学竞赛培训题解》和规划竞赛全过程，历年来湖南中小学生选手参加国际数学奥林匹克竞赛或华罗庚金杯赛等，在全国居先进地位。"

本书的两位传主卢庆骏和孙本旺先生都生于1913年，那个时代中国各行各业的大师成群地出现，如1910年出生的有：

中国著名考古学家夏鼐，还有社会学家费孝通，数学家华罗庚，文学家钱锺书，1911年则有力学家钱学森，水利学家黄万里，史学家季羡林等，这些人都对日后新中国各学科建设发挥了举足轻重的作用。他们有着共同的时代特点：完整接受了基础教育，"五四先哲"已开出的先路使留洋几乎成为必选项，知识结构上中西兼顾，学术上由"破"转入"立"的阶段；作为"一二·九"一代，整个青年时期正值抗日战争，有着天生的家国情怀底色；新中国成立时，正步入壮年，他们的老师一辈——胡适、郭沫若等人，或已经无法选择留在大陆，或因较早投入革命而出任领导职务无暇研究。新中国学术建设的重任，注定落在这一代人身上。

而再早的一批则是所谓"文化贵族"，如"第一次世界大战"前后的哈佛大学先后聚集了一批中国留学生——赵元任、梅光迪、竺可桢、李济、陈寅恪、吴宓、汤用彤、张鑫海、林语堂、楼光来、顾泰来等，按照吴宓的话说，纵览近代中国的留学史，可谓是空前绝后的一代"文化贵族"。

这些留学生大多选择文科专业。张鑫海是吴宓的同学，一同师从比较文学系教授白璧德（Irving Babbitt），林语堂和楼光来同样在文学系，顾泰来学习历史兼政治，而俞大维则在哈佛攻读哲学博士学位,其间连年获得奖学金,后来赢得竞争极为激烈的"谢尔顿游学奖学金"去德国柏林大学研究数理逻辑,论文刊登于当时希尔伯特与爱因斯坦合编的《数学年刊》。

当时中国的数学教育也对今天有借鉴作用,既有良好的美式精英教育传统又不忘惠及大众。这一点可以从杨振宁先生的父亲杨武之先生在1934年任清华大学数学系主任时写的一篇短文中看出:

算学教育之目的有三:1.锻炼吾人之思考;2.贯注计算之方术;3.探发蕴藏之算理。其于人生,极关重要,是以东西各国,任何学生,自小学而中学,莫不受甚长时间之算学教育,及至大学,尚复有算学专科之设,以求深造。吾国一般教育穷败。对于上述1、2种目的,未逮远甚,遑论高深研究。清华算学系自成立以来,窃注意于两种发展,即凡嗜算之士不必有特殊天才者,则皆培以基本课程,注重条理清楚,俾成算学通才,以为改良中小学算学教育之预备,其有资禀特近,显有研究能力者,则更导之上进,入研究后,以求深造俾获成专门学者。

(1934年,节选自《清华周刊》第四十一卷第十三、十四期《算学系概况》)

本书只论人和事,对现代数学本身并无论及,对于近现代数学笔者自知止于欣赏阶段。属于胡适自嘲的"提倡有功,创造无力",所以可以相信许多数学爱好者能和笔者一样愉快而又无障碍地阅读本书。

本书的策划过程源起于一次校园偶遇。笔者一次在校园中偶遇本书的第一作者吴从炘先生。吴先生可谓是黑龙江数学第一人,多年担任黑龙江数学会理事长。见面之后所论及的话题当然是数学,交谈过程中笔者建议已经是八旬高龄的吴先生写一点关于黑龙江数学的发展历史供后人研究之用。

吴先生说年龄大了,恐怕难以独自完成,于是便有了本书第二、第三作者的参与。本书的第三作者是我社的一位青年女编辑,新闻学硕士,文笔不错,爱好写作。笔者派其去协助吴先生也是为了培养其业务能力。

《藏书报》曾访谈过苏州文学山房的掌门93岁的江澄波先生(去年笔者还专程去拜访过老先生),当记者问到:文学山房能够屹立百年,成为古旧书业百年老店的绝唱,原因是什么?

江澄波:文学山房是我祖父在清光绪二十五年(1899)创建的,至今已有120年历史了,也有读者称它为"书坛常青树"。文学山房屹立不倒的主要原因是我一直在认真学习古籍的专业知识,因为这样才能帮助读者找到他所需要的书,在收购的时候也是如此。因为藏书的老先生很多是熟悉版本的专家,我去拜访时,一般先给我一本书看看,要求鉴别一下,如果他认为我懂书,才会继续给我看,否则就再不给我看书了,所以我认为这等于上考场。"为读者找书"也要有一定的业务知识,如果"答非所问"或"一问三不知",读者下次就不会再光顾。

编辑也是如此,要有与作者对话的能力。本书是一个大系列中的一本,笔者希望能将此模式复制到中国各个省市。

长江文艺出版社黎波先生曾这样评价人在出版业中起到的作用:"出版是一个内容产业,它的不可复制性显得人如同设计师一般,对最终产品的好坏意义非凡。"

愿本书能成功地说明这一点!

刘培杰
2019 年 12 月 20 日
于哈工大